U0179634

仿人机器人专业教程
技术篇

冷晓琨　黄剑锋　杨　金　徐　枫　李　琦　编著

ZHEJIANG UNIVERSITY PRESS
浙江大学出版社

图书在版编目（CIP）数据

仿人机器人专业教程. 技术篇 / 冷晓琨等编著. —
杭州：浙江大学出版社，2020.12
ISBN 978-7-308-18474-8

Ⅰ.①仿… Ⅱ.①冷… Ⅲ.①仿人智能控制—智能机
器人—教材 Ⅳ.①TP242.6

中国版本图书馆 CIP 数据核字（2018）第 174831号

仿人机器人专业教程　技术篇

冷晓琨　黄剑锋　杨　金　徐　枫　李　琦　编著

责任编辑	杜希武	
责任校对	陈静毅　洪　淼	
封面设计	丁　骏	
出版发行	浙江大学出版社	
	（杭州市天目山路 148 号　邮政编码 310007）	
	（网址：http://www.zjupress.com）	
排　　版	浙江时代出版服务有限公司	
印　　刷	杭州高腾印务有限公司	
开　　本	710mm×1000mm　1/16	
印　　张	10.75	
字　　数	172	
版 印 次	2020年12月第1版　2020年12月第1次印刷	
书　　号	ISBN 978-7-308-18474-8	
定　　价	48.00元	

目　录

第1章　Hello，Aelos！

大家好，我是乐聚机器人 Aelos，你们也可以叫我小艾，很高兴可以和大家见面！从现在开始，我要和你们一起展开充满乐趣的新旅程，希望通过这段旅程，我们可以成为好朋友。你们准备好了吗？

1.1　初识教育版

乐聚教育版软件是乐聚机器人有限公司研发的一款用于学校机器人教育的软件。因其操作简便，和乐聚机器人之间通信稳定等特点，对我们更好地学习和掌握机器人技术有着很大的作用。

1.1.1　软件安装

请登录乐聚官网 www.lejurobot.com 下载乐聚 Robot 教育版软件（以下简称教育版）aelos_edu_stable.exe（如图 1.1），双击文件，选择安装路径（如图 1.2），并完成软件安装。

图 1.1　教育版软件安装文件

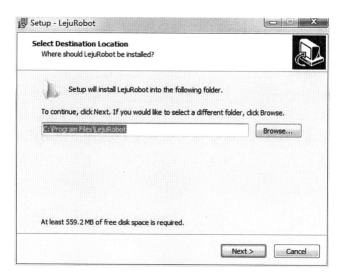

图 1.2　教育版软件安装初始界面

安装完成后，在我们的桌面上就能找到教育版软件的图标了（如图 1.3）。双击打开软件，让我们一起动起来吧。

图 1.3　"Aelos_教育版"图标

1.1.2　界面介绍　（图 1.3）

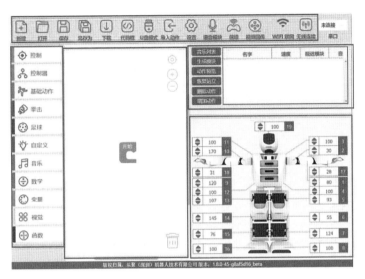

图 1.4　教育版界面

（1）菜单栏

图 1.5　菜单栏

教育版软件的菜单栏中设置了"新建""打开""保存""另存为""下载""代码框""U 盘模式""导入动作""设置""语音模块""信道""视频回传"和"WIFI联网"的功能按钮。主要负责的是对整个工程文件的操作。这里对几个功能做简要介绍：

下载：

　　将软件中编写好的程序通过 USB 传送给机器人。同学们在传送程序时记得要把你写好的程序及时保存，妥善存档整理哦。

代码框：

　　负责代码视图的调出和隐藏。点击代码框，在编辑视图的下方就会出现代码框，在代码框中会显示当前程序对应的代码（图 1.6）。

图 1.6　代码框

U 盘模式：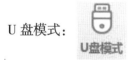

　　U 盘模式中，会启动 Aelos 体内的存储卡，我们可以在计算机中查看存储卡中的内容，也可以对其中的内容进行修改和添加。

　　点击"U 盘模式"，软件会提示：切换到 U 盘模式之后会提示串口已断开，此时在计算机中可以看到一个可移动硬盘的图标，在这里即可查看所有存储卡中的文件。由于在存储卡中还存有工程师设置好的一些支持 Aelos 工作的系统文件，为了防止这些文件被误删而影响 Aelos 的正常工作，如果没有专业人士的指导，我们不建议同学们擅自对里面的内容进行修改哦（如图 1.7）。

图 1.7　Aelos U 盘模式

导入动作：

主要是对程序指令库中的动作模块进行添加。同学们可以编辑更多的动作指令模块，并把它们导入到软件中，这样就可以打造出独一无二的程序指令库了，你的机器人就会更多才多艺哦！

（2）程序指令库

　　包括控制指令和动作指令两种指令，都是程序员已经编写封装好的内容，可以供同学们选择使用，方便我们更快捷地编写程序。

（3）编辑区

　　这是编写程序的主要阵地哦，指令的添加、删除，程序的整体设计都在编辑区中进行，我们可以在这里直观地看到当前程序的整体情况。

（4）动作视图

　　动作视图可以显示每个动作的详细信息，例如各舵机值、速度以及搭配的音乐等等。这些信息以条状记录进行显示，可以显示单一的一个动作，也可以显示一个动作指令里的一组动作（图1.8）。

　　当然，动作视图中也可以对所显示的动作进行预览、修改、删除或者将整组动作打包成一个新的模块。这些操作我们在第5章中会有更为详细的讲解。

	名字	速度	延迟模块	音乐
音乐列表		30	0	
生成模块		14	0	
动作预览		100	0	
恢复站立		30	500	
删除动作				
增加动作				

图1.8　动作视图区

（5）机值视图

　　Aelos 身上装有 19 个舵机，每一个舵机都有 0 度—180 度的一个旋转范围，通过合理设置这些舵机的旋转角度，可以让 Aelos 摆出各种不同姿势的造型。也正是因为这，它才可以完成许许多多的动作。

　　机值视图就是显示当前机器人身上各个舵机的旋转数值的区域。在机值视图中我们可以看到机器人身体的各个关节处都标有舵机的编号，每个编号旁边所显示的就是该舵机的数值（图 1.9）。

　　我们也可以在机值视图中对这些舵机值进行调整，直到 Aelos 达到我们所预想的动作姿势。这在我们第 4 章设计动作指令时就会用到，同学们可要记住哦。

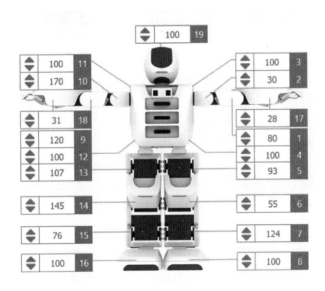

图 1.9　机值视图区

学习小结

我会做		
1	登录乐聚官网	已完成／未完成
2	下载安装包	已完成／未完成
3	安装并启动	已完成／未完成
我知道		
我们的机器人叫什么名字		
教育版软件的功能区		
本节课整体评价		☆ ☆ ☆ ☆ ☆

1.2　奔跑吧！小艾

在第一节课中我们已经成功地安装了教育版软件，本节内容中同学们就可以将小艾和计算机连接，并用教育版软件为小艾设计一个动作指令。通过我们的尝试，让小艾奔跑起来吧！

1.2.1　连接计算机

硬件准备：正确安装教育版软件的计算机、Aelos、专用 USB 数据线。操作步骤：

（1）打开计算机，启动教育版软件。

（2）打开 Aelos 开关，听到 Aelos 问候语即为正确打开。

（3）用 USB 数据线将计算机和 Aelos 相连接，如图 1.12 所示。

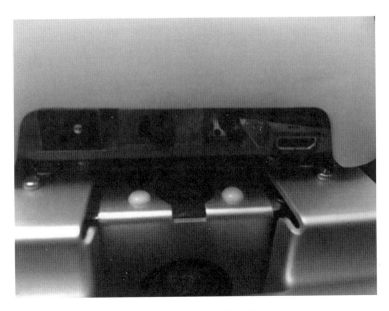

图 1.11　Aelos 按键及插口

图 1.12　USB 连接小艾

（4）在机值视图中选择对应的串口。由于实际连接的时候，计算机的 USB 接口不同，串口的编号也会有所不同，如何确定哪一个串口才是我们 Aelos 的专属串口呢？我们在桌面上找到计算机（我的电脑），点击鼠标右键唤出菜单，选择设备管理器。在"端口"一项中找到STMicroelectronics　Virtual　COM　Port 的端口，如图 1.13 所示。记住后面显示的串口号，如本例中为 COM4，这就是 Aelos 此时的串口。随后在教育版软件中选择相应的串口号进行连接。

图 1.13　设备管理器

（5）串口连接。若正确连接成功，机值视图中将出现"串口已连接"，Aelos 回归初始姿势后保持静止（如图 1.14）。若显示"已断开"，需检查 USB 接口是否脱落或串口驱动是否正确安装。

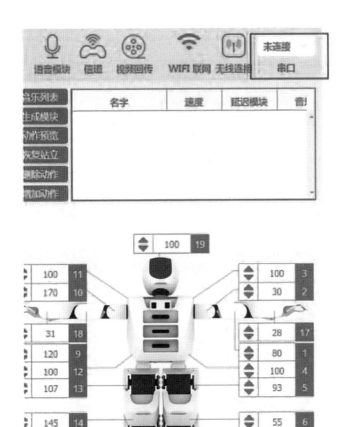

图 1.14　串口选择连接显示

1.2.2　编写第一个程序

打开教育版软件，在编辑区会默认新建一个工程文件。如图 1.13 所示。并已经写好"开始"指令。点击菜单栏中的 将文件保存为"run20181214"，表示 2018 年 12 月 14 日编写的奔跑动作的文件。在文件的命名上虽然没有严格的规定，但是为了更好地保存和管理我们的工程文件，为日后的再次修改或调用提供方便，我们一般会在文件名里标注程序功能和时间。注意我们保存的文件类型是 .abe 格式哦，这是我们乐聚 Robot 专属文件类型（如图 1.15）。

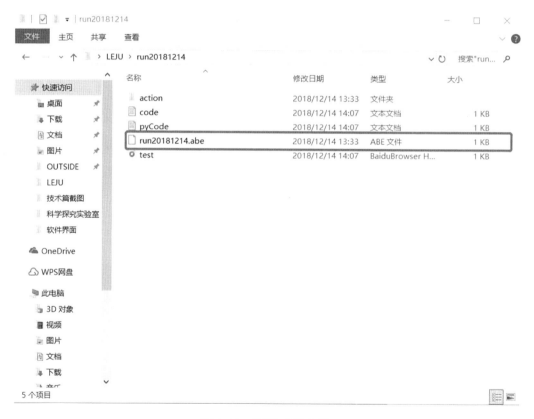

图 1.15　新建工程文件

　　在软件的程序指令库中有许多机器人的基础动作指令，我们在程序指令库中选择第三项基础动作，在基础动作库中选择快走模块。如图 1.16 所示。此时会出现一个蓝色方形模块跟随鼠标移动，用鼠标移动至开始的下方。这样一个包含快走命令的工程文件已经编辑完成（如图 1.17），点击菜单栏中的保存。

图 1.16　基础动作库

图 1.17　编辑区

　　点击菜单栏中的  将动作指令传送给小艾。奔跑的小艾是不是充满了活力呢（如图 1.18）？

图 1.18　奔跑的小艾

学习小结

我会做		
1	连接 Aelos 与电脑进行数据线连接	已完成／未完成
2	串口连接	已完成／未完成
3	新建工程文件	已完成／未完成
4	编辑动作	已完成／未完成
5	下载动作	已完成／未完成
我知道		
文件保存的规范		
乐聚教育版文件的格式		
本节课整体评价		☆ ☆ ☆ ☆ ☆

小艾说

2016 年 3 月 9 日—15 日，在韩国首尔进行了一场特殊的围棋比赛。比赛双方为韩国围棋九段棋手李世石与人工智能围棋程序"阿尔法围棋"（AlphaGo）。人们把这场比赛称为"人机大战"。早在此之前，计算机程序就在三子棋、国际象棋和跳棋上战胜过人类，而此次人机大战围棋阵地再次失守。人工智能的发展再一次引起了社会热议。

人工智能是研究使用计算机来模拟人的某些思维过程和智能行为（如学习、推理、思考、规划等）的学科，主要包括计算机实现智能的原理和制造类似于人脑智能的计算机，使计算机能实现更高层次的应用。随着人工智能技术的不断发展，拥有人工智能技术的计算机产品也渐渐走进了千家万户。我们的小艾就是拥有了高度人工智能的产品哦。

第2章 守纪律的小艾

又见面了，我是可爱善良的机器人小艾！作为一个优秀的机器人，我可是非常遵守我们的纪律的哦。因为没有规矩就不成方圆，大到一个国家，小到一个人的日常起居都是需要一定的规章制度的。同学们，你们知道在我们的乐聚课堂应该遵守什么纪律吗？

（1）要爱护机器人和零部件，要按照正确的操作方法使用。

（2）开拓创新，发挥聪明才智，为未来发展打下坚实的基础。

（3）做好学习笔记和程序材料的整理工作，工作文档及时备份保存。你还想到了哪些？

对于我们机器人来说，纪律就是存储在我们芯片中的程序。每一个机器人，都必须按照程序的指令进行工作。如果出现了错乱，那这个机器人可能是发生故障了，我们需要对它进行修理。当然，我们乐聚机器人"体格"可是非常强壮的，只要同学们正确地使用和爱护，我们是很少"生病"的。

2.1 程序

什么是程序呢？计算机程序（computer program）简称程序（program），是指一组指示计算机或其他具有信息处理能力装置执行动作或做出判断的指令。简单地说，程序就是一组指令，告诉我们需要怎么做，第一步做什么，第二步做什么。比如问把大象放进冰箱有几步：第一步，打开冰箱门；第二步，把大象放进去；第三步，关上冰箱门。这就是程序。

生活中处处都有程序，早上起床穿衣服是"程序"，要先根据天气情况判断穿什么衣服，再从内衣、衬衣、毛衣、外套一件一件穿上身。这个程序可不能错乱，要不然你就要变成内裤外穿的超人了。客人来了沏茶也是一个"程序"，当有客人走进家门，我们需要找出空杯子，放茶叶、倒水，递到客人手中。只要你细心观察、积极思考，你就能找到生活中这些许许多多的程序了。

小艾是一个音乐爱好者，最喜欢跟着音乐舞蹈了。"跟着我，左手，右手，一个慢动作，右手，左手，慢动作重播……"我们分析一下这个舞蹈，是不是可以分解成左手侧举——右手侧举——右手侧举——左手侧举——双手前举——拍手。这也是一个程序哦！（如图 2.1—图 2.4）

图 2.1　左手侧举

图 2.2　右手侧举

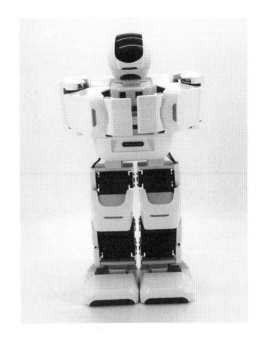

图 2.3　双手前举　　　　　　　　　　　　图 2.4　拍手

我们乐聚机器人的大脑里就储存着许许多多的程序，这些程序会告诉我们应该做什么，也会帮助我们去完成各种任务。虽然我们身上的很多程序是程序员已经写好的，但是同学们可以通过自主编程来帮助我完成新的任务哦。在上节课当中同学们不是也为我编写了一个"奔跑"的程序么，我在接收到程序后就开始认真执行起来了呢。

接下来，就让我们再来为小艾设计一个更为复杂的舞蹈动作吧！如图 2.5 所示。

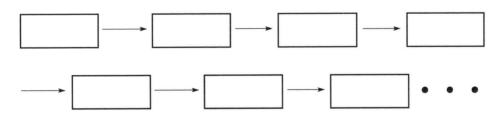

图 2.5　为小艾设计动作

学习小结

我知道	
什么是程序	
举一个生活中的程序例子	
本节课整体评价	☆ ☆ ☆ ☆ ☆

2.2　程序的基本结构

在上一节课的学习中，我们知道了生活中的许多事情都可以转化成程序来描述。但是生活中的事情千千万，各有不同。为了更简便地编写程序，我们将程序分为三种基本结构——顺序结构、选择结构和循环结构。

2.2.1　顺序结构

顺序结构是一种线性、有序的结构。它依次执行各语句模块，从第一条语句执行到最后一条语句，且每条语句都只执行一次。我们可以这样理解：顺序结构就是一条没有分支的大路，我们从起点一路走向终点，不能回头，没有旁支小路。比如我们每天早上的基本生活就是一个简单的顺序结构。从起床开始到走进学校上课为止，按照直线顺序，一个接一个地完成，直到结束，如图 2.6 所示。

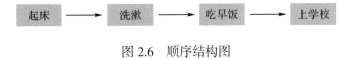

图 2.6　顺序结构图

顺序结构的程序设计也是最简单的，只要按照解决问题的顺序写出相应的语句就可以了。

我们为小艾设计的舞蹈动作就是一个简单顺序结构的程序。自程序开始到结束，小艾按照顺序执行以下动作。如图 2.7 所示。

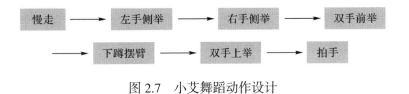

图 2.7　小艾舞蹈动作设计

你可以举出生活中还有哪些顺序结构的例子么？

2.2.2　选择结构

什么时候要选择呢？当一件事情有多种课程性的时候就需要挑选其中之一进行选择。所以在选择结构的程序中就需要根据不同的条件来决定程序执行的走向，而程序执行的结果也会随着条件的不同而不同。我们依然来看早上起床到学校的这个例子，如果进行细化就可以变成几个选择结构。

（1）闹钟响了，你可以选择继续睡或者立马起床。

（2）洗漱时间，你可以选择快速完成或者拖拖拉拉。

（3）吃早饭，你可以选择安心吃完或者狼吞虎咽。

我们可以用图 2.8 来表示这个过程。

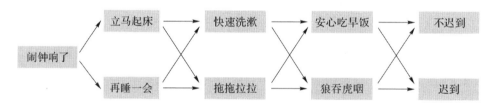

图 2.8　选择结构图

在这个程序中，有着三个选择点。每一个选择点的不同选择都会影响整个程序的走向，出现迟到和不迟到两个不同的结果。相比之前的程序，我们可以用它更完整地描述不同同学的早上生活。这就是选择程序的魅力，借助它我们可以将生活中的一些课程性都考虑在我们的程序中，让程序更为灵活和完善。

通常我们用"如果……就……否则……"这样的句式来表述简单的选择结构。例如"如果天不下雨，我们就要出去放风筝，否则就留在家里看书。"这里的天是否下雨就是选择结构里的判断条件；"如果我做完作业了，就可以看电视，否则就留在房间里继续完成作业"这里的判断条件就是有没有完成作业。

同样的，我们也可以把小艾跳舞的程序变成选择结构的程序。在程序初始，为程

序设置一个变量 A：当 $A=1$ 时，让 Aelos 做第一组动作（下蹲摆臂——双手前举——拍手）；当 $A \neq 1$ 时，让 Aelos 做第二组动作（慢走前进）。

在数学学习中也有这样的例子。我们知道自然数可以分为奇数和偶数，那么如何来判断呢？这就是一个简单的选择程序。我们取一个自然数，然后判断它是不是能被 2 整除，如果可以，那么它就是偶数，否则它就是奇数。这里"能否被 2 整除"就是这个选择程序的判断条件了。

你还能举出什么例子呢？请用适当的语言表述出来并说明它的判断条件是什么。

判断条件：

2.2.3　循环结构

循环即周而复始，从开始到结束，再从开始到结束地进行重复。就像我们在操场上跑步，从起点开始跑一圈又回到了起点，再次出发去往终点。我们把表示这类重复指令的程序称之为循环结构。

其中数字就是这个指令循环的次数。循环结构可以减少源程序重复书写的工作量，用来描述重复执行某段算法的问题，这是程序设计中最能发挥计算机特长的程序结构。

计算机的计算能力非常强大，可以在短时间内进行大量的计算。但是再强的计算机计算能力也是有限制的，所以如果我们的循环次数是无限的话，计算机也就无法完成了。这种无限循环无法结束的程序我们称之为"死循环"。

一般的循环结构可以分为循环变量、循环体和循环终止条件三个部分。用循环变量来设置总循环次数，循环体为需要执行的操作。每次执行循环后都需要进行判断，如果满足循环终止条件则跳出程序，不再执行。

练一练：

现在有 5 个自然数，要求判断这些数是否是偶数。请说出这个循环程序的循环变量、循环体和循环终止条件是什么。

我们还是来看小艾的舞蹈动作，在舞蹈中我们设置了"慢走"的动作。但是一个慢走的动作指令是让 Aelos 向前慢走一步。如果我们要通过慢走来完成舞蹈中位置的移动的话，就需要进行多次慢走动作的重复，这就是一个循环结构了。

从以上程序中我们可以看到顺序结构、选择结构和循环结构并不是彼此孤立的，在循环中可以有选择、顺序结构，选择中也可以有循环、顺序结构。在实际编程过程中常将这三种结构相互结合以实现各种算法，设计出相应程序。

学习小结

我会做		
1	认识顺序结构	已完成 / 未完成
2	认识选择结构	已完成 / 未完成
3	认识循环结构	已完成 / 未完成
4	判断程序结构	已完成 / 未完成
我知道		
程序的三种基本结构		
循环结构的三个构成部分		
本节课整体评价		☆ ☆ ☆ ☆ ☆

小艾说

如果把我们的生命看成一个大程序的话，它就是一个大大的顺序结构里包含了许许多多的选择程序和循环程序。所以啊，当我们面对时间的时候要珍惜，因为在生命这个顺序结构里，从生到死，时间是不会回头的；而在我们面临选择的时候，也要慎重，因为你的选择会让你生命的程序走向不同的方向；当然对于循环我们也要客观地看待，有益的循环（比如学习新课后的复习）可以帮助你巩固和提高，但无意义的循环可就浪费你的时间和精力了，我们可以想更好的办法提高效率哦。

第3章　请与我做朋友

我是小艾，是一个机器人。我很善良，很聪明也很体贴。我希望可以和大家成为好朋友。只要你能听懂我的语言，和我交朋友，我可是有很多很多的小秘密要告诉你哦！

3.1　流程图和积木模块式编程

为了帮助同学们更快更方便地和我交流，小艾为大家带来两个工具——流程图和积木模块式编程。

3.1.1　流程图

流程图是指用特定的图形符号加上说明来表示我们解决某个问题的一种思路和方法的框图。相比于之前的纯文字的描述，流程图具有以下三大优点：

● 形象直观，一目了然；
● 便于理解，没有歧义；
● 可直接转化为程序。

流程图的这些优点在很大程度上是得益于它的标准化图形，每一个图形都有着其特定的意义，大大增加了流程图的可读性和通用性。

常用的图形符号如图 3.1 所示。

符号	解释	符号	解释
	开始与结束符号		处理过程 （计算、存储等）
	逻辑判断，根据某一条件决定程序走向		输入、输出操作
	连接符，流程图太长时，用来连接两页流程图	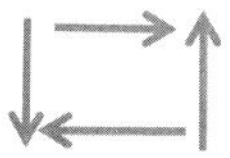	连接线

图 3.1　图形符号

程序的三种基本结构用流程图如图 3.2 所示。

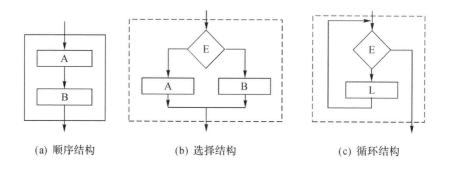

(a) 顺序结构　　　　(b) 选择结构　　　　(c) 循环结构

图 3.2　三种基本结构流程图

试一试：

　　还记得上节课判断奇偶数的选择程序吗？让我们试着用流程图来表示一下（如图 3.3 所示）。

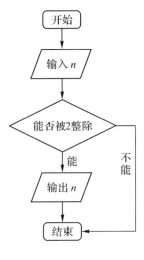

图 3.3　流程图

　　还有我们小艾跳舞的三种结构程序，用流程图绘制也可以让程序更为清晰哦。首先我们来看顺序结构的舞蹈程序，将几个方形的处理过程用箭头按照顺序从上到下的串联在一起就是一个顺序结构的流程图。如图 3.4 所示。而在选择结构舞蹈程序的流程图中多出了菱形的判断框，菱形内部是判断的条件，菱形两端根据判断的两个不同结果分别指向不同的分支。如图 3.5 所示。

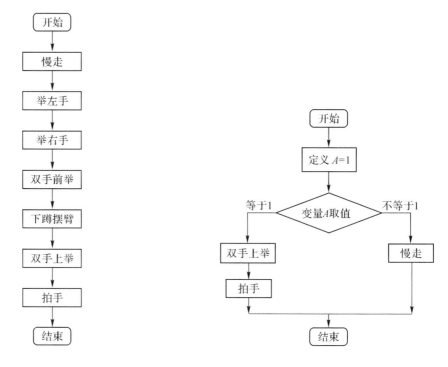

图 3.4　顺序结构流程图　　　　　　图 3.5　选择结构流程图

　　最后我们再来看循环结构舞蹈程序的流程图。在这个程序中，我们需要将"慢走"这一部分重复 5 次，即循环体为慢走，循环次数为 5，循环结束的判断条件是动作是否已经完成了 5 次重复。结合流程图的绘制要求，我们可以得到这样一个流程图。如图 3.6 所示。

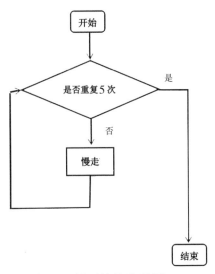

图 3.6　循环结构流程图

3.1.2　积木模块式编程

同学们都玩过积木吧。积木桶里放有许多各种颜色和形状的积木，我们根据自己的需要挑选合适的积木，然后搭建出我们自己的作品。如图 3.7 所示，积木模块式编程就是同样的原理。我们将一些可以完成基本功能的代码程序封装成一个个的模块，就像积木块一样。当我们需要编写自己的程序时，只要在软件的模块库里面寻找到合适的木块，再进行组装搭建就可以了。

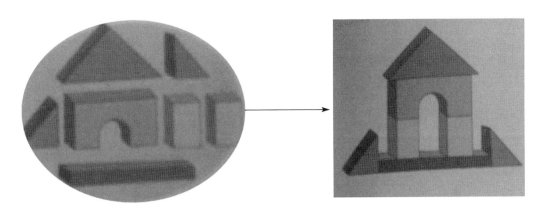

图 3.7　积木块搭建

　　我们的教育版软件就是一个积木模块式编程软件。工程师们在程序指令库中已经为我们准备好了许多基本动作，例如：挠头、鞠躬、前进等等。同学们在编程时可以从库中找到需要的积木模块，然后根据自己的需要进行组合搭建。相信丰富的积木模块加上你们的奇思妙想，我们的 Aelos 机器人一定可以更强大更有趣。

学习小结

我会做		
1	认识流程图图形符号	已完成 / 未完成
2	读懂简单的流程图	已完成 / 未完成
3	会画三种基本结构程序流程图	已完成 / 未完成
我知道		
什么是流程图		
什么是积木式模块编程		
本节课整体评价		☆ ☆ ☆ ☆ ☆

3.2　遥控程序初体验

　　亲爱的同学们，我费尽千辛万苦终于又回来了。上次你们往我脑袋里传输的"奔跑"指令可把我害苦了，我一直跑一直跑，根本停不下来。幸亏有人用遥控器救了我。所以我就回来给大家讲讲关于遥控器的那些事。

　　首先我们来谈谈为什么我会一直奔跑停不下来吧。每一个 Aelos 机器人在出厂的时候都被设置了一个隐形的循环。即使我们所接收到的指令中没有循环命令，我们也会默认地循环执行所接收到的命令。当你第一次收到小艾的时候，打开开关，小艾会向主人发出问候"主人，你好！"，在接下来的时间中，小艾会一直执行这个问候的指令。

　　如果我们一直这样循环执行指令，很快我们就会"筋疲力尽"的。所以我们需要使用遥控器来解决这个问题。

　　取出小艾行李中的遥控器（图 3.8~图 3.9），先来认识下遥控器上的各个功能键吧。

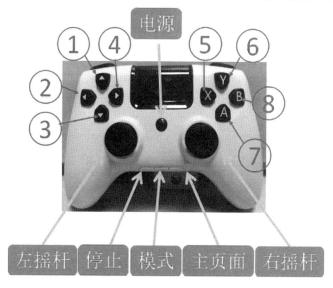

图 3.8　遥控器正面

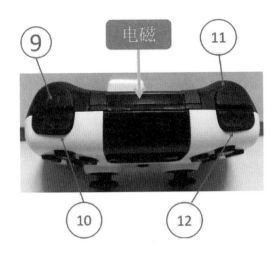

图 3.9　遥控器侧面

如图 3.8、图 3.9 所示遥控器上有左摇杆、右摇杆、停止键、模式切换键、主页面键和 1—12 数字键。左摇杆和右摇杆中间的为电源键。

电源：当遥控器装上电池后，电源指示灯点亮，遥控器正常供电。

左摇杆、右摇杆：分别内置了 Aelos 的默认动作，这是同学们无法更改的哦。通过操控左右摇杆都可以控制 Aelos 进行慢走、慢退、左移、右移、快走、快退、左转、右转动作。但是左摇杆控制的是正常速率下的动作，且单次操作控制 Aelos 执行一次动作，若推向前进时听到遥控器发出"滴滴"的连续响声，则 Aelos 会一直前进（其他方向也是一样）。而右摇杆控制的则是快速状态下的动作，所以为了防止硬件损耗过大，快速状态下不可持续使用。

模式切换键：这个键可以根据机器人类型切换遥控器模式为则 Aelos 和 Aelos 1S。

停止键：在机器人执行指令的时候可以通过按击停止键终止动作。

主页面键：完成遥控器信道设置后，按此键确认。

1—12 数字键：这十二个键程序员并没有给我们设置动作，同学们可以在编写程序的时候把动作绑定到某一个数字键中。比如我们把第一个"奔跑"的程序绑定在 1 号键上，那么当点击遥控器上的 1 号键时，Aelos 就会开始执行"奔跑"指令了。

接下来就让我们动手试试怎么把我们的"奔跑"指令升级为遥控器控制程序吧。

首先将小艾和计算机连接，启动教育版软件，并选择好串口。然后同学们需要为遥控器设置信道哦。在教育版软件中将手柄频率设置为 002（遥控器默认的信道），如图 3.10 所示。确定后会显示"设置信道成功"。如图 3.11 所示。

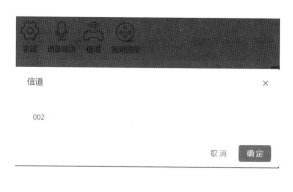

图 3.10　信道设置

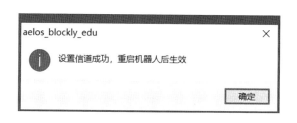

图 3.11　信道设置成功提醒

我们打开"奔跑"的程序文件"run20170319"，选择快走的积木模块，设置一个变量，通过变量的设置把动作绑定到 1 号键上。如图 3.12 所示。现在点击菜单上的"下载"，将程序再次传送到小艾的"脑袋"里，传送完毕后断开连接。按小艾身后的复位键，待重新启动后，同学们就可以试着用遥控器来指挥小艾的行动了。

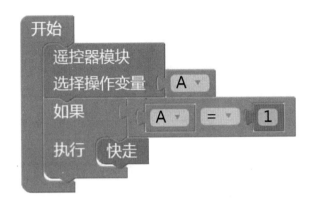

图 3.12　动作视图区

当然，同学们还可以继续为遥控器的其他按键配置动作，这样小艾就会有更为丰富的动作了。如果把这些自定义的按键功能和遥控器左右摇杆自带的内置功能相结合，小艾就会跟着音乐舞蹈起来了。快点动手试试，看谁的舞步更出彩吧！

学习小结

我会做		
1	用遥控器左右摇杆控制 Aelos	已完成／未完成
2	在教育版中为遥控器设置信道	已完成／未完成
3	将"奔跑"程序升级为遥控器版	已完成／未完成
4	通过为遥控器数字键设置动作，指挥 Aelos 跳出舞步	已完成／未完成
我知道		
为什么 Aelos 会不停奔跑		
如何让 Aelos 停止动作		
本节课整体评价		☆ ☆ ☆ ☆ ☆

小艾说

如果你要带我去参加机器人舞蹈大赛，我就得告诉你一个秘密：所有的机器人和遥控器在出厂的时候都被设置了默认信道 002。所以啊，如果我们就这么去参加比赛的话，搞不好我就要被别人的遥控器给"控制"了。

如何设置专属遥控器呢？让我们取出遥控器，同时长按 5 和 7 两个数字键直到听到"滴滴"的声音。响声结束后即可开始设置遥控器信道，按右摇杆一下就是设置信道为 001，以此类推。直至设置完毕后，按主页面键确认，遥控器发出长响的确认音后即表示设置成功。

接下来，只需要在教育版软件中将信道设置为对应的数字就可以了。现在你可以安心带我去参加舞蹈大赛咯。

第4章　认识积木模块

在第三章中我们已经认识了积木模块编程方式，在这种编程方式中一些基本的代码块会已经被封装成一些积木模块。在教育版软件中，这些积木模块被放置在界面左侧的程序指令库中。在程序指令库中指令分为控制指令和动作指令两大类。

4.1　动作指令积木模块

回顾应用篇的内容，在教育版软件里内置了一些基本指令，我们可以把这些动作指令积木进行组装，搭建成我们需要的程序。如图 4.1 所示。

图 4.1　教育版程序指令库

在动作指令中有 ![基础动作] ![拳击] ![足球] ![自定义] 四种动作模式。其中每一个动作指令都是一个动作组即多个动作集合而成的。通过动作视图我们可以看到足球动作中的"右下铲"就是由下图几个动作组成的（如图 4.2 所示）。只要我们合理地调用这些动作指令，小艾就可以完成许多任务了。当然我们也可以发挥我们无限的想象力在自定义动作模块中设计自己的专属动作。小艾也喜欢有创造力、有个性的朋友呢。

名字	速度	延迟模块	音乐
	30	0	
	14	0	
	90	0	
	90	500	

图 4.2　动作视图区

4.2　控制指令积木模块

在动作指令的帮助下，小艾可以完成许多的任务，但是如果有控制指令的加入，小艾就可以完成更多更为复杂的任务了。控制指令是一组固定的程序指令，虽然它们并不能够直接让小艾做出什么具体的动作，但是利用这些指令可以控制动作指令的执行方式和次数（如图 4.3 所示）。多个控制指令的有机组合，更是可以解决许多生活中的复杂问题。

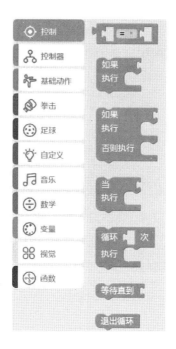

图 4.3 控制指令

无限循环：循环结构中的一种，也称当型循环。如图 4.4 所示。这类程序可以理解为"当满足……时，执行某一段指令，否则就终止这个循环"。

图 4.4 While 循环

点击 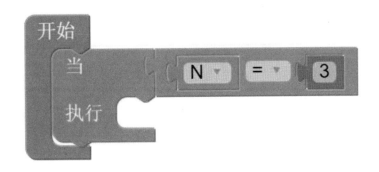 如图选择变量控制的情况下，设置当变量 N=3 时，程序执行。如图 4.5 所示。

图 4.5　While 循环变量设置

此时点击菜单栏中的"代码框"，在出现的代码框中可以看到如图的代码文字。如图 4.6 所示。

```
代码框                                              ✕
1  dofile('0:/lua/lib.lua')
2
3  while(true)
4  do
5    while (N == 3)
6    do
7      pass
```

图 4.6　While 循环代码段

For 循环：For 型循环也属于循环结构，我们依然可以在属性面板中修改循环中指令的循环次数和循环条件。如图 4.7、图 4.8 所示，我们设定当遥控器的 1 号键信号输入时，指令循环 5 次。

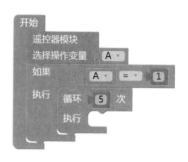

图 4.7　For 循环设置

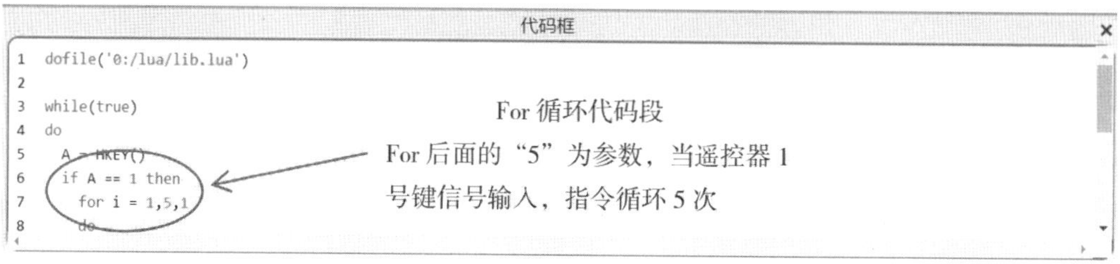

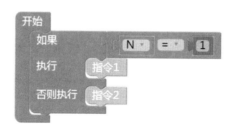

图 4.8　For 循环代码段

判断条件：判断条件是选择结构，即先进行条件判断。当条件满足时执行指令 1 条件不符合时执行指令 2（如图 4.9），这种结构我们也称之为分支结构。就像是一个三岔路口，面前两条路，只能选择一条作为前进的方向，而另一条就不会被执行了。

图 4.9　判断条件判断流程图

```
3
4 if N == 3:
5    robot.action('指令1')
6 else:
7    robot.action('指令2')
```

判断 条件代码段

如果 N=3，就执行指令 1，否则

就执行指令 2

图 4.10　判断条件代码段

定义变量和定义赋值：在程序中定义一个变量，并且为这个变量定一个数值。如图 4.11 所示。

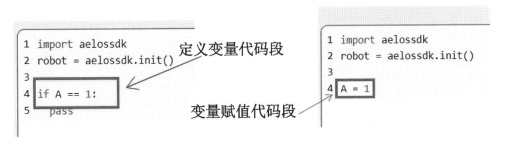

定义变量代码段

```
1 import aelossdk
2 robot = aelossdk.init()
3
4 if A == 1:
5    pass
```

变量赋值代码段

```
1 import aelossdk
2 robot = aelossdk.init()
3
4 A = 1
```

图 4.11　定义变量和定义变量赋值

定义变量

变量赋值

图 4.12　定义变量设置

传感器端口：

图 4.13 传感器端口视图

输出模块：为某个端口输出一个数值，数值为 0 或者 1。

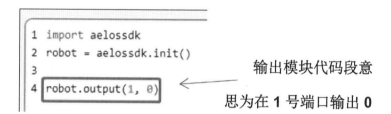

输出模块代码段意
思为在 1 号端口输出 0

图 4.14 输出模块视图

学习小结

	我会做	
1	调出代码视图	已完成 / 未完成
2	查看指令	已完成 / 未完成
我知道		
两种程序指令类型		
动作指令的分类		
控制指令的几种类型		
本节课整体评价		☆ ☆ ☆ ☆ ☆

第 5 章　我有我 Style

虽然程序员已经为我们提供了多种积木模块，但是充满创造力的你们一定不会满足于这些基本动作吧。本章我们就要一起来学习一下如何设计出自己的专属动作。

5.1　设计动作指令

将 Aelos 与计算机相连接，启动教育版软件，连接串口后我们可以在机值视图中看到当前所有舵机的机值数据。由于动作指令设计的基本思路是将 Aelos 的一连串动作分解成几个关键姿势，然后通过调整舵机将这些关键姿势增加进动作指令中。所以我们最先要解决的问题就是如何将 Aelos 调整到我们需要的动作姿势。

尝试着扭转 Aelos 的各个关节，你会发现遇到很大的阻力，无法进行操作。这是因为当前的所有舵机正处于锁定状态，此时千万不要继续用手强行进行扭转。强硬的外力可是会让我们乐聚机器人"受伤"的哦。

我们看到机值视图，在 19 个舵机值数字的左侧都有两个箭头，鼠标点击之后会看到对应的舵机进行一定角度的扭转。这是非常细微的调整，每单击一次，对应舵机就会顺时针或者逆时针旋转一个单位，即一度（每个舵机的可旋转角度为 180 度）。如果你需要大角度地旋转舵机，可以用鼠标长按的方式进行大角度的旋转。确认到合适位置时，点击机值视图右上角的"增加动作"按钮，即可添加新的动作。

试一试：为 Aelos 设计一个拍手的动作吧。

我们将拍手的动作分解成双手平举（如图5.1）、击掌（如图5.2）所示两个关键姿势。

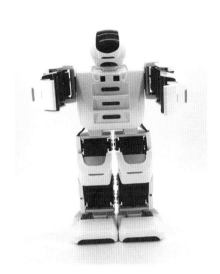

图 5.1 双手平举动作   图 5.2 击掌动作

现在我们首先来完成第一个双手平举姿势的设置，调整 1、2、3 舵机值使得左手臂前举，再调整 9、10、11 舵机值让右手臂前举，确认之后点击机值视图中的"增加动作"按钮。调整好的舵机值如图5.3所示。

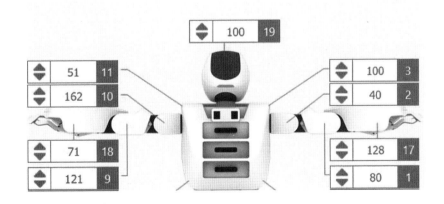

图 5.3 调整好的舵机数值

接下来，我们要调整 Aelos 到击掌的姿势，继续调整 1 号和 9 号舵机的数值至 Aelos 双掌合击即可。点击"增加动作"按钮。至此我们就已经完成一次击掌动作，但是如何把这个动作传输至 Aelos 呢？我们需要在动作视图中点击"生成模块"按钮，将我们已经设计好的动作指令转化为一个新的指令积木模块，并双击新模块为它取名为"拍手"。我们将这个"拍手模块"移动至主程序轴上。如图 5.4 所示。

图 5.4　拍手流程图

选择菜单栏中的"下载"，将动作指令传送至 Aelos，按其身后的复位键，Aelos 重新启动。现在是不是可以看到 Aelos 在不停地为你鼓掌呢。

5.2　动作视图的操作

为了给 Aelos 设计出更多更为丰富的舞蹈动作，我们还需要用到动作视图。在这里对 Aelos 动作的设计主要有两种方式，第一种是通过新增动作从无到有完全新建动作指令。这种设计方法相当于"白手起家"，指令中的每一个动作都是需要同学们增加进去的，可以极大地满足同学们个性化的需求，但是工作量也相对较大。

例如我们已经完成的"拍手"程序，用的就是第一种方法。通过机值视图的舵机值调整，分别插入两个动作。为了方便以后对程序的回顾和修改，我们在动作视图中将这两个动作分别命名为"分掌"和"击掌"。接下来我们还可以通过这些操作来进行完善（如图 5.5）。

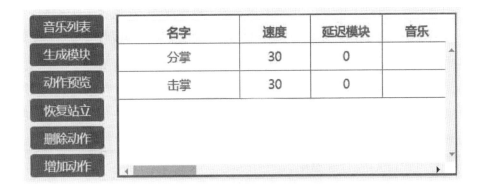

图 5.5　击掌和分掌动作视图

5.2.1　调整速度

每一个动作的信息条中都有一个速度选项，这里的速度值表示 Aelos 完成这个动作时的速度。我们可以根据不同的需要来设置速度值。例如是轻歌曼舞，我们就可以将速度值减小，让 Aelos 放慢动作；如果是劲歌热舞，那么就需要将速度值增大，让 Aelos 释放活力。这里我们将速度值调整为 10，让 Aelos 做一个"温柔的舞者"（如图5.6）。

	名字	速度	延迟模块	音乐
	分掌	10	0	
	击掌	10	0	

音乐列表　生成模块　动作预览　恢复站立　删除动作　增加动作

图 5.6　动作速度调整

5.2.2　设置延迟

什么是延迟呢？我们可以这样理解，延迟就是 Aelos 完成这个动作后，执行下个动作前所需要等待的时间。默认情况下每个动作延迟都为 0，也就是直接执行下一个动作，不做停留。如果我们有需要设置延迟，只需要在相应动作的延迟选项里填入需要延迟的时间就可以了。值得注意的是这里的时间单位是毫秒哦（1 秒 =1000 毫秒），这是一个非常小的单位，所以如果同学们设置的延迟时间是几毫秒或者几十毫秒的话，我们人类可能无法很好地辨别出这个延迟过程的哦。为了体验下延迟的效果，我们将分掌动作延迟 200 毫秒。

将程序下载到 Aelos 上试试吧！

5.2.3　添加音乐

为了让 Aelos 成为一个唱跳俱佳的歌手，我们需要为所设计的动作加上音乐。我们点击动作视图区旁边的音乐模块，会在软件中出现音乐选择框，这里显示的音乐就是我们 Aelos 身上已经存储的一些音乐的模块（如图 5.7），我们点击旁边的复制在 "请输入音乐名" 中输入我们要的音乐，如 Test1，可以选择 Test1 为该动作的背景音乐了（如图 5.8）。

图 5.7　音乐选择框

图 5.8　动作视图区

第二种动作指令设计方式是借助软件提供的程序指令库或者已有的其他文件中的动作模块来进行设计的。例如我们想要设计一个 Aelos 蹲下摆动双臂的动作。如果要用第一种方式操作的话我们需要将所有动作进行一一分解，然后再通过调整舵机的方式将关键动作一个一个地添加进去。

我们通过查看程序指令库，发现在基本动作中有一个"蹲起摆臂"的动作，这和我们所要设计的动作是比较相像的。所以我们可以将这个动作模块拖动到编辑视图中，单击该模块就可以在动作视图中查看详细信息并进行修改了。

"蹲起摆臂"的指令是由 9 个动作构成的，前四个动作是 Aelos 下蹲并摆动手臂部分的动作，后五个动作为缓慢站起的过程。根据我们的需要，我们可以将后五个动作一起选中。然后选择"删除动作"进行删除（如图 5.9）。

	名字	速度	延迟模块	音乐
音乐列表		15	0	
生成模块		20	250	
动作预览		30	0	
恢复站立		50	0	
删除动作				
增加动作				

图 5.9　选中动作

　　这时留下的就是一个全新的动作组，我们点击"生成模块"按钮，并将新模块命名为"下蹲摆臂"，这样就完成了我们新的动作指令的设计哦。

　　当然很多情况下我们并不能在已有的动作指令中找到和我们所设想的新动作完全一致的动作，但是这也并不妨碍我们利用已有的指令库进行设计哦。例如我们想要设计一个 Aelos 激动地握手的动作。指令库中可以找到一个握手的动作指令，但是我们发现这个动作幅度非常小，是一个很温和很礼貌的握手，并不是我们需要的激动地握手动作。

　　我们依然可以借用这个动作指令，然后在动作视图中找到我们代表握手的几个关键动作（连接机器人串口的时候，鼠标点击动作视图中的动作条，机器人会做出当前动作的姿势）。然后通过舵机值的调整，增大 Aelos 握手动作的幅度，然后 Aelos 就可以激动地握手啦。

　　无论是用哪种方式完成的动作指令，都是凝聚了同学们的一番心血的，如果在其他文件里要用到同样的动作我们需要重复这些设计操作么？当然不需要，我们在增加动作的时候，工程文件夹中会自动生成一个 SRC 文件夹（如图 5.10）这个里厕所动作可以导入别的工程文件 中（如图 5.11）。

名称	修改日期	类型	大小
action	2018/12/18 0:07	文件夹	
custom	2018/12/18 0:07	文件夹	
src	2018/12/18 0:08	文件夹	
code	2018/12/18 0:08	文本文档	1 KB
pyCode	2018/12/18 0:08	文本文档	1 KB
test	2018/12/18 0:08	BaiduBrowser H...	1 KB
userDefAction	2018/12/18 0:07	JavaScript 文件	2 KB
蹲起摆手.abe	2018/12/18 0:07	ABE 文件	1 KB

> LEJU > 蹲起摆手 >　　　　　　　　　　　　　　　　　　　　　　　∨ ↻　搜索"蹲起... ₽

图 5.10　保存当前模块

图 5.11　保存动作到电脑

现在我们在程序指令库中的自定义动作栏中就可以看到我们添加的动作指令了。我们可以像引用其他动作指令一样直接拖放到程序中使用（如图 5.12）。相信经过同学们的不断积累，你们每一个人都会拥有一个属于自己的丰富多彩的自定义动作库，你们也都将拥有属于自己的 Style！

图 5.12　自定义动作库

学习小结

我会做	
1	通过调整舵机值设计动作指令	已完成 / 未完成
2	调整动作速度、设置延迟	已完成 / 未完成
3	生成新动作指令模块	已完成 / 未完成
4	为动作指令添加音乐	已完成 / 未完成
5	将动作指令保存到自定义动作中	已完成 / 未完成
本节课整体评价	☆ ☆ ☆ ☆ ☆

小艾说

引用和"剽窃"

　　牛顿说他的成功是因为站在了巨人的肩膀上。的确，在生活中我们常常得益于前人所创设的环境，所提供的条件或者已经得出的经验。站在巨人肩膀上的我们享受着前人带给我们的高度，站在一个较高的起点向上攀登。但是，我们应该记住的是不能将"剽窃"视作引用。尤其是在学术研究的时候如果你引用了别人的论著，需要在文章中注明哦。将别人的成果直接拿来署上自己的名字，这是剽窃行为，是侵犯他人知识产权的行为，也是不道德的行为。

第6章　快乐的舞者

6.1　舞蹈排练

在我们的舞蹈赛中，同学们是不是指挥着各自的乐聚机器人取得了很棒的成绩呢？我们可是非常乐意和同学们进行互动，也很高兴机器人可以和自己的主人一起完成快乐的舞步。当然，我们也是非常独立的，不能总是依赖着你们的指挥，很多时候，我们也可以独立完成任务哦。

正如在舞蹈大赛中我们所跳的舞蹈，如果把整个舞蹈的所有动作按照顺序完整的传输到我的大脑中，那么我就可以独立上台完成表演了。而且啊，相比于遥控器控制，预先的编程会更大程度上保证动作的连贯性和正确性哦。所以乐聚机器人的核心工作还是要运行编写好的程序。

我们打开之前编写好的"拍手"动作指令，在动作视图中我们可以看到这个动作指令的动作组成（如图6.1）。

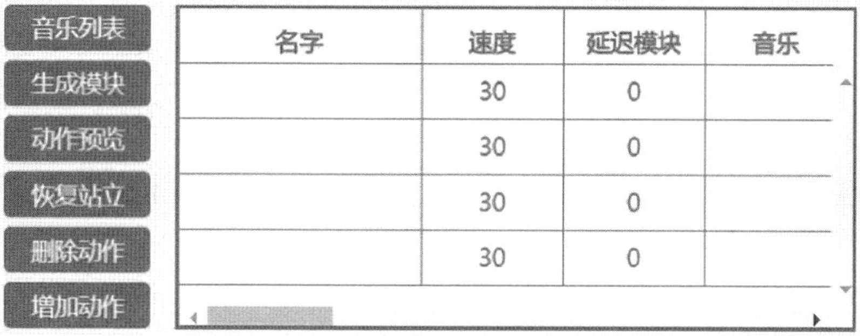

音乐列表	名字	速度	延迟模块	音乐
生成模块		30	0	
动作预览		30	0	
恢复站立		30	0	
删除动作		30	0	
增加动作				

图6.1　拍手动作组成

　　所以我们在舞蹈编排中也可以用这种顺序结构来进行编排。将整个舞蹈中的所有动作依次添加至程序中，让 Aelos 从上至下依次执行就可以了。我们尝试让 Aelos 完成一组基本的舞蹈动作：举左手——举右手——下蹲摆臂——双手前举——拍手。

　　打开教育版软件，在程序指令库中找到举左手指令，拖放至开始下方。同样的，依次放入所有的动作指令。

图 6.2　舞蹈编排

　　点击菜单栏中的"U 盘模式"，进入计算机打开可移动硬盘。我们现在看到在储存卡中已有五个文件夹和一个文件。正如我们在第一章中所说的，这些文件是我们乐聚机器人可以正常工作的关键性文件，不能随意修改。我们在其中找到 music 这个文件夹（如图 6.3），这就是 Aelos 的音乐库，现在我们只需要在网上去下载我们所需要的音乐，再添加到这个音乐库中就可以了。

图 6.3　U 盘模式中 music 文件夹

在寻找音乐的时候我们要注意两个问题：第一个是由于乐聚机器人只能播放 mp3 格式的音乐，所以我们下载的时候要选择正确的格式哦；第二个是关于音乐文件的命名，在文件名中不能有特殊符号，只能有中英文和数字。

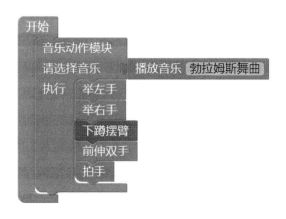

图 6.4　为舞蹈动作添加音乐

　　重新连接串口，然后在动作视图中为我们的舞蹈动作添加上音乐（如图 6.4）。最后把这个文件保存为"Dance1"，并通过下载按钮把它传送到 Aelos 的大脑中。让我们来观看下舞蹈效果吧。

6.2　Ready ？ GO ！

　　Aelos 已经接收了同学们排练好的舞蹈动作和准备的舞曲，有没有被我的舞姿所吸引呢？只是作为一个精益求精的乐聚机器人，我还有一个小小的要求——在动作中加入一些舞步的移动，这样我就可以和舞台各边的观众互动啦。如图 6.5 所示。

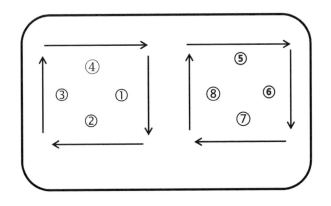

图 6.5　舞步线路图

从上图的路线图中我们可以将整个演出编排为：

① 前进 5 步——跳舞

② 右转——前进 5 步——跳舞

③ 右转——前进 5 步——跳舞

④ 右转——前进 5 步——跳舞

⑤ 前进 5 步——跳舞

⑥ 右转——前进 5 步——跳舞

⑦ 右转——前进 5 步——跳舞

⑧　右转——前进 5 步——跳舞

⑨　鞠躬

打开我们的"Dance1"文件,在原先的舞蹈动作前添加上"慢走"的动作指令,由舞步编排中需要前进 5 步,所以这里依次添加 5 个"慢走"指令。完成①部分舞步的程序(如图 6.6)。用同样的方法编写好剩余部分的程序。

图 6.6　部分舞步程序图

完成 8 部分舞步的编辑后,我们把程序下载到 Aelos 的大脑中,然后叫上小伙伴们一起来观赏 Aelos 的快乐舞蹈吧。

学习小结

我会做		
1	为 Aelos 设计简单的顺序程序	已完成／未完成
2	添加音乐库文件并调用	已完成／未完成
我知道		
动作指令是什么结构的程序		
音乐库文件是什么格式		
本节课整体评价		☆ ☆ ☆ ☆ ☆

小艾说

同学们有没有发现，虽然我们乐聚机器人是严格按照程序执行，有着"铁一般的纪律"，但是有时候我们也会"不听话"，偏离了主人定下的轨迹。这可不是因为咱叛逆不听话哦，是因为我们工作在一个开放的执行环境中，受到自身电力情况、不确定的环境因素等原因的影响，可能就会造成相同的程序在同一个机器人身上也会有不同的执行效果。

所以同学们在编写好程序后要多试验几次，在不同环境下的试验结果可以帮助你们调试出更完善的程序，也会让你的乐聚机器人更为出色哦！

第 7 章　程序瘦身之巧用 FOR 循环

在上一章内容中我们采用顺序结构为 Aelos 编写了一段舞步。由于我们要玩的舞步比较多，所以我们写了一段长长的程序。我们再观察下这个长长的程序会发现其中有很多是相同动作的重复执行，所以我们可以用三种基本结构中的循环结构来让我们的程序瘦身。本章就先介绍第一种循环结构——For 循环。

7.1　单层循环

For 循环是很多编程语言中都会用到的一种循环结构。在编程过程中可以由量值来控制循环的次数，是一种相对比较灵活的循环结构。

为什么我们要选用 For 循环呢？

我们再把"Dance1"中的舞步设计展开观察一下（如图 7.1）：

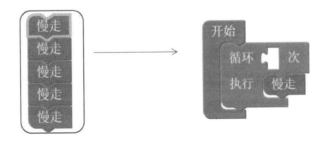

图 7.1　程序瘦身

我们看到每一部分的舞步设计中都有慢走五步的部分，如果用顺序结构编写会有以下两个问题：

（1）篇幅过长，操作过程烦琐。用顺序结构编写重复动作的时候，只能是将相同的动作一次次地添加到程序中。由于这些动作重复的数量多，会导致最后得到的程序篇幅非常长，不利于程序的储存和阅读。同时，重复添加的操作也是一个非常烦琐的过程，如果要慢走一百步，我们是不是要重复添加 100 次呢？

（2）不便于修改。程序的编写往往不是一蹴而就的，是需要经过多次的调试才可以完成的。所以是否易于修改和调试也是评价一个程序好坏的重要指标。假设我们在调试过程中发现我们设置的慢走的次数不够，那么在顺序结构中我们只能再一次次地去增加或减少动作指令的个数。

基于此，我们可以把这一部分用 For 循环来编写，使得程序进行第一次"瘦身"。在控制指令中找到 For 循环拖放至程序中，然后将慢走的动作指令放置在 For 循环内。如图 7.1 所示。双击"多次循环"，对 For 循环进行参数设置（如图 7.2 所示）。现在我们所得到的就是一个循环 5 次慢走指令的程序了，是不是比顺序结构的操作要简便一些呢？那就动手把剩下各部分的舞步也改成 For 循环吧。

图 7.2　For 循环参数设置

7.2　多层循环

For 循环是循环结构中最为灵活和常用的一种循环方式，很大部分得益于它的多层嵌套。多层嵌套可以解决很多复杂的循环结构。什么是多层嵌套呢？就是在 for 循环中还有 for 循环，程序从内循环一层层逐一执行到最外层循环的一个结构。

我们依然通过 "Dance1" 的程序来进行学习吧。经过初次瘦身的程序是不是已经精炼了很多呢？但是我们再次回看 "Dance1" 的几个动作部分：

① 前进 5 步——跳舞

② 右转——前进 5 步——跳舞

③ 右转——前进 5 步——跳舞

④ 右转——前进 5 步——跳舞

⑤ 前进 5 步——跳舞

⑥ 右转——前进 5 步——跳舞

⑦ 右转——前进 5 步——跳舞

⑧ 右转——前进 5 步——跳舞

⑨ 鞠躬

我们可以发现其中②③④和⑥⑦⑧是重复的动作，所以我们可以在这里可以用一次 For 循环来再次进行程序 "瘦身"。在程序中添加一个 for 循环控制指令，设置循环参数为 3（如图 7.3）。

图 7.3　For 循环控制指令

接下来我们把"右转——前进 5 步——跳舞"这一部分看作一个整体，把这些动作模块从主程序上分离出来，然后依次拖放到 For 循环的循环体中（如图 7.4）。

图 7.4 For 循环中的循环体

现在我们可以将整个程序表示为：

① 前进 5 步——跳舞

② 重复三次"右转——前进 5 步——跳舞"

③ 前进 5 步——跳舞

④ 重复三次"右转——前进 5 步——跳舞"

⑤ 鞠躬

通过再次观察我们发现如果把①②和③④分别看作一个整体的话，这两个部分又是一次重复，所以我们可以再进行一次循环嵌套对程序进行瘦身。如图 7.5 所示。这样我们就得到了一个拥有三层循环的程序，是不是很厉害呢？

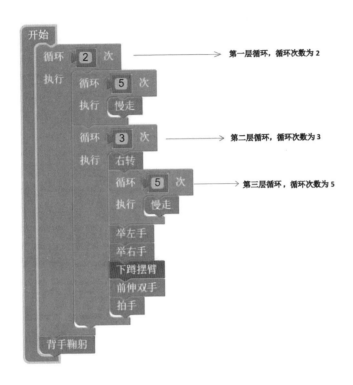

图 7.5　For 循环嵌套

学习小结

我会做		
1	用 FOR 循环指令实现动作循环	已完成／未完成
2	用多层 FOR 循环嵌套实现程序瘦身	已完成／未完成
本节课整体评价		☆ ☆ ☆ ☆ ☆

小艾说

程序优化

在本章的学习中我们使用了 For 循环对已有的程序进行了"瘦身"，同学们学会了吗？我们看到"瘦身"前后的程序内容本质是一样的，最后的结果也是一样的。只是瘦身之后的程序结构更精简，编写过程更为简洁，你是不是他更喜欢这个"苗条"的程序呢？

在我们编写程序的过程中常有这样的事例，同样的程序经过修改变得精简了，运算更快了，漏洞被修复了等等，这些修改的过程我们都称之为程序的优化。就像我们写一篇文章一样，同样的事例，同样的中心思想在一遍遍地修改后文章会更出彩。在编写程序的过程中我们也需要有精益求精的精神，并通过测试对我们的程序进行调试和优化哦。

第8章 停不下来的竞技者

在第三章的学习中我们曾经讲过每一个乐聚机器人在出厂前都是被默认设置了"隐形循环"的，也就是说即使没有在程序中设置循环的情况下，机器人在完整执行完程序后依然会再次回到程序最开端进行又一次的执行过程。所以 Aelos 是一个"停不下来的竞技者"。

8.1 永远的循环

利用这个隐形循环我们可以让 Aelos 不停地练习一个动作。我们新建一个"拳击练习"的文件，在程序中添加一个"连续出拳"的动作。这个程序中虽然没有加入循环结构，但是在执行过程中 Aelos 还是会不停地执行（如图 8.1）。

图 8.1 "连续出拳"流程图

但是隐形循环是针对整个程序的循环，自上而下一遍一遍地执行程序命令，这对于单一的只需要简单重复的程序是没有问题的。但是如果我们需要在进行"连续出拳"之前进行一段热身运动——做十个俯卧撑，依靠隐形的循环能不能实现呢？我们在程序中尝试一下看。我们在原有的"连续出拳"动作指令前加入了一个 For 循环，用来实现做十次俯卧撑的动作指令循环（如图 8.2）。现在我们将程序传输到 Aelos 上，看看效果吧。

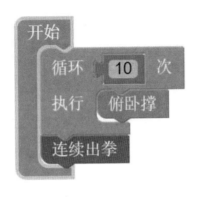

图 8.2　For 循环实现做十次俯卧撑

我们发现，Aelos 会按照"做十次俯卧撑，一次连续出拳再做十次俯卧撑，一次连续出拳"的方式进行周而复始的循环。显然，这不是我们的需求。我们需要在"连续出拳"的动作指令上添加一个循环，并且这个循环要求是永远执行。这时我们需要的就是 While 循环了。

无限循环同样属于循环结构，所以在循环开始前需要进行一次判断，看是否符合循环开始的条件。因此我们在这里依然设置一个变量，以这个变量的值来作为判断的条件。在程序开头我们定义一个变量 A，并把这个这个变量的值设置为 10，然后我们在 For 循环之后添加一个永远循环指令，并把永远循环指令的条件设置为当 A=1 时开始循环，循环操作为"连续出拳"。

现在我们传输程序，查看下效果。Aelos 会在做完十个俯卧撑之后，开始不停地进行"连续出拳"的动作练习（如图 8.3）。

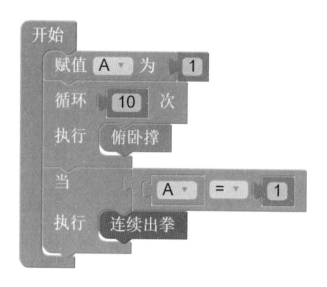

图 8.3 For 循环和 While 循环结合

8.2　循环与休眠

这节课我们还是从乐聚机器人内置的隐形循环说起。在默认的情况下我们乐聚机器人都是十分"勤劳"的，我们会一遍遍地去执行主人设计好的程序。但有的时候人们其实并不喜欢我们重复太多，当完成有限次的重复就可以完成任务的时候，接下来的重复是不是也就是一种对能源的浪费了呢？所以我们今天就要来学习如何让 Aelos 克服固有的隐形循环，在完成设定的动作后就停止循环。

我们还是用上节课所用的练拳击的程序吧。这次呢，我们 Aelos 机器人在完成十个俯卧撑后，做 50 次的连续出拳就可以休息不再继续练习了。我们先用 for 循环把前面部分的程序完成（如图 8.4）。在这个程序下，Aelos 会先执行 10 次的俯卧撑动作，再做 50 次的连续出拳动作后回到程序初始再做 10 次俯卧撑和 50 次的连续出拳，周而复始。

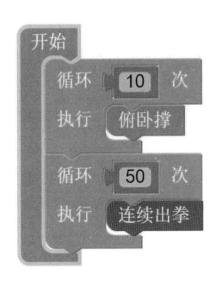

图 8.4　For 循环实现 10 次俯卧撑和 50 次连续出拳

现在我们不想要 Aelos 进行多次的重复，所以我们需要在 100 次的连续出拳动作指令完成后为程序增加一个休眠的指令。这个指令用什么来完成呢？还是这个 While 循环。正所谓"解铃还须系铃人"，我们需要用一个永远循环来停止程序中隐形的循环。我们在原有程序中增加一个变量定义 A，并在程序结尾处增加一个永远循环。这个循环体为"站立"，循环条件为 A=1，传输并查看效果（如图 8.5）。

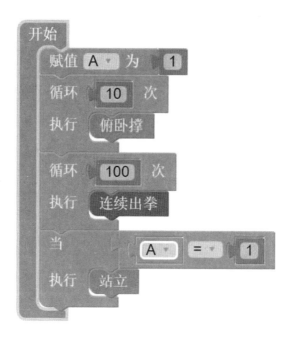

图 8.5　While 循环

至此，我们已经学习了两种循环结构 For 循环和 While 循环。无论是 For 循环还是 While 循环，都是在进行循环条件判断后开始进入循环。但是在循环执行过程中有所不同，For 循环的执行次数在程序执行前就已经设定好的，是有限次数的循环。但是 While 循环，正如指令动作模块上说明的"永远循环"，While 循环的执行次数是未设定的，只要符合循环条件，就会一直循环下去。

学习小结

我会做		
1	用无限循环为机器人设计程序	已完成／未完成
2	用无限循环终止隐形循环	已完成／未完成
我知道		
什么是变量		
For 循环和无限循环的区别		
本节课整体评价		☆ ☆ ☆ ☆ ☆

小艾说

小艾对于新动作的学习可是孜孜不倦的，每一次主人给我设计了新动作我都会通过一遍遍地循环来练习哦。古人说"学如逆水行舟，不进则退"。我们每天都在接受着新的知识，如果不能够及时将这些知识消化，那么我们只会是知识的容器。

所以，同学们，在我们的学习过程中是不是也应该给自己加入一个 While 循环呢？

第 9 章　交通指挥警

"红灯停，绿灯行"是我们最为熟悉的交通规则了，也正是这简单但严格的交通规则保障了我们在面临车水马龙时的安全。随着城市交通的不断发展，现在我们城市中的大多数路口都有红绿灯甚至电子警察指挥交通。这些电子警察中可有好多都是我们的兄弟哦。本章中 Aelos 也要和同学们一起来学着做一个合格的交通指挥警。

9.1　动作指令绑定遥控器

在设计程序前我们先一起来分析下这个任务目标。我们需要设计的是一个可以根据当时的交通情况对车辆进行指挥的一个程序。由于我们 Aelos 机器人并没有眼睛或其他感觉器官来感知当前的交通情况，所以我们只能依靠主人的判断和指令做出相应的指挥动作。所以我们这个程序首先应该是一个遥控器控制的程序。

其次，在现实生活中交警们有一套交通指挥的手势，这些手势之间相互独立，却又共同构成一个系统。我们可以把这套指挥的手语看作一个指令库，每个指令之间也是相互独立的，没有必然的先后或者关联关系。我们在程序执行过程中根据实际交通情况去调用这些指令库中的指令。分析至此结合遥控器的使用，我们设计这个程序的时候可以用动作指令绑定遥控器的方式进行设计。

解决了前两个问题后，我们可以开始来设计程序中的具体动作了。考虑到这个程序最后的工作环境，我们需要知晓几个常用的交通指挥的手语。通过查找资料我们得到了几个手势的意义图解（如图 9.1）。

图 9.1 交通指挥手语

我们在动作指令库中分别找到"直行信号""左转弯信号""右转弯信号"和"停止信号",拖放到程序中。然后在动作视图中将四个动作指令分别绑定在遥控器的 1、2、3、4 号键上(如图 9.2)。将程序传送至 Aelos 上,我们就根据当前的交通情况再通过遥控器控制 Aelos 做出相应的指挥动作了。

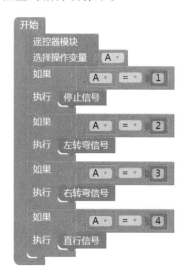

图 9.2 交通指挥手语流程

9.2 代码理解

在完成任务后我们再来分析这个程序，通过程序图我们会觉得这就是一个简单的顺序结构的程序，自上而下地执行指令。但是在实际的操作过程中我们发现其实并不然，程序的多个指令之间并不是严格地自上而下的顺序结构。我们用菜单栏中的"代码框"将代码显示出来，从代码中找找原因看。

在代码中我们可以找到 IF A==1、IF A==2、IF A==3、IF A==4 四条语句，每条语句后分别跟着四个不同的动作指令（如图 9.3）。从代码中我们可以发现在这个程序的执行过程中，Aelos 并不是按照顺序逐一去执行这些动作指令的。四条动作指令其实是一个平行的嵌套关系，它们都在同时等待遥控器的命令，一旦遥控器按键被触发，相应动作按钮下的指令就会被唤醒执行。当然，当对应的动作执行完毕后，Aelos 就又会进入持续的等待中直到接收到下一个遥控指令。

```
                              代码框
1   dofile('0:/lua/lib.lua')
2
3   while(true)
4   do
5     A = HKEY()
6     if A == 1 then
7       MOTOrigid16(25,25,25,60,60,60,60,60,25,25,25,60,60,60,60,60)
8       MOTOmove16(80, 30, 100, 100, 93, 55, 124, 100, 120, 170, 100, 100, 107, 145, 76, 100)
9       MOTOwait()
10      MOTOsetspeed(48)
11      MOTOmove16(92, 182, 71, 100, 93, 57, 124, 101, 121, 171, 100, 101, 108, 145, 76, 101)
12      MOTOwait()
13      DelayMs(1000)
14      MOTOmove16(80, 30, 100, 100, 93, 55, 124, 100, 120, 170, 100, 100, 107, 145, 76, 100)
15      MOTOwait()
16
17    HKEY()
18    end
```

图 9.3 交通指挥手语代码

学习小结

我会做	
1	编写交通指挥警程序	已完成／未完成
2	查看程序代码	已完成／未完成
3	理解程序中的平行嵌套关系	已完成／未完成
本节课整体评价	☆ ☆ ☆ ☆ ☆

小艾说

什么是代码呢?

　　代码是程序中的一个个片断,程序就是由一行行代码所组成的。所有程序的编写,归根结底还是要依靠代码来编写的。就像我们的 LUROBOT 教育版中的程序编写,虽然采用了积木模块式编程,但是在软件中我们依然设置了代码框。我们也可以通过代码框对程序进行编辑和修改。了解基本的代码编写知识,能够读懂简单的源程序,对于我们今后设计更出色的机器人都是很有好处的。小艾期待同学们用自己编写的代码来与我进行更深层次的交流哦!

第 10 章　判断分支结构

最近比较烦,比较烦,比较烦! Aelos 最近遇到了一个麻烦的同桌,很是困扰。这个同桌是一个调皮的小机器人,总是喜欢在课堂上开小差,做小动作。这对 Aelos 的学习造成了很大的影响,Aelos 就向老师反映了这个问题。可是每次老师一靠近的时候,这个调皮鬼就又坐得端端正正了,所以老师都不相信 Aelos 说的。这真是一个麻烦的问题。

10.1　开小差的同桌

同学们,你们说这个同桌是怎么做到开小差而不被老师发现的呢?让我们一起来探究问题的真相吧。

首先,我们来看这个同桌的行为外在表现。他会根据不同的两种情况做出不同的表现:老师不在,他就开小差;老师靠近,他就认真听课。这种选择性的行为我们可以用判断分支结构来进行实现。

什么是判断分支结构呢? if 的中文意思就是如果,所以我们可以把判断语句理解成"如果满足某条件,那么就执行某命令",它就像是一个岔路口,不同的选择,不同的道路,当然也通往不同的结果。就像这里调皮的同桌一样,就站在一个岔路口上,左边是"开小差",右边是"认真听课",而影响他进行选择的条件就是"老师是否在"。我们把这个分支程序部分用流程图表示,如图 10.1 所示。

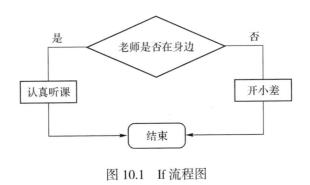

图 10.1　If 流程图

现在我们打开教育版软件，试着来模拟一下这个过程。新建一个工程文件，命名为"开小差的同桌"。在控制指令中找到判断条件拖入到程序中，如图 10.2 所示。

图 10.2　If 条件程序图

双击"条件判断"，从 If 条件的参数设置框中们可以看到 If 条件的设置可以有两种方式，一是通过变量设置，二是通过遥控器进行设置（如图 10.3）。因为这个调皮的同桌显然不是受到主人遥控器的指挥而进行选择的，所以我们在这里选用第一种通过变量进行判断的方式。

图 10.3 变量设置和摇控器设置

我们的判断条件是什么呢？老师是否在身边？这个条件缺少一个可量化的对象，对于机器人来说这样的表述是不能构成判断条件的。每一个分支结构都至少需要一个变量来构成判断条件，没有变量就没有判断条件，没有判断条件当然也就不能完成分支结构地选择了。

所以我们要把"老师是否在身边？"转化为一个具体的量化条件，即当老师和我们之间的距离小于一定值的时候就认定是老师在我们身边了，而当距离大于一定值的时候就认为老师并不在我们身边。这里的距离就是我们在设置判断条件时的变量了。

我们在变量指令中创建变量，在编辑区中对变量进行设置。

程序中的变量名命名也是有一定的规则的：首先为了增加程序的可读性，使得程序使用者能更快速地了解某个变量的意义，一般我们都会以一个变量所代表的意义命名；其次为了不造成程序编译过程中不可预料的错误，编译系统都不允许用户使用程序中的保留字作为变量名。再次，变量名首字母必须为字母 (a—z，A—Z)，下划线 (_)，"@"或者美元符号"\$"开始。第四，变量名只能是字母 (a—z，A—Z)，数字 (0—9)，下划线 (_) 或 "@" 的组合，并且之间不能包含空格。

变量是指在程序执行过程中，数值会发生变化的一个量。所以 Dis 的值也应该随着实际情况而发生变化。那么这个数值从哪里来呢？我们用谁来监控这个距离值呢？这里我们就要用到一个秘密武器——传感器了。

　　在我们乐聚机器人身体里有一个内置的传感器——距离传感器，就藏在我们胸口的位置，形状像一个小摄像头（如图 10.4）。

图 10.4　距离传感器

　　我们可以通过这个传感器来感知我们与外界物体的距离。通过传感器所获得的数值同时也会在我们背后的 LED 液晶屏中显示出来。

　　让我们先把这个秘密武器放到程序中吧。在控制器指令中找到传感器端口，并添加到程序中，可以进行距离的属性设置。如图 10.5 所示。

图 10.5　传感器端口设置

我们可以测验下这个距离传感器的使用，将 Aelos 转过来，一边用手在距离传感器前缓慢地前后移动，改变手与 Aelos 的距离，一边观察 LED 液晶屏中 SAP 下的数值。我们会发现当手与 Aelos 的距离越近的时候，SAP 的数值越大，当手与 Aelos 的距离越远的时候，这个值就越小。当数值在 50 左右的时候是这个距离范围的中间值。所以我们可以将值小于 50 时认为是老师不在的时候，将大于 50 的时候认为老师就在身边。根据此我们将判断条件和程序编写如图 10.6 和图 10.7 所示：

图 10.6　判断变量数值设置

图 10.7　判断条件下的距离判断示意图

将编写好的程序保存并下载到 Aelos 上，看看是不是将调皮同桌的行为模拟出来了呢？

小艾说

　　我用这个程序向老师说明了同桌为什么没有被老师发现开小差的原因，老师批评了我那调皮的同桌，希望他以后能够好好学习。我也想和他一起学习，一起进步呢。

　　同学们，你是那个喜欢在课堂上开小差的同桌么？也许你很聪明，有着自己的"秘密武器"帮你躲过了老师的眼睛，但是不认真听讲可是会错过许多珍贵的知识。小艾希望每一个同学都可以做一个认真听讲、努力学习的好孩子，做到老师在与不在一个样。

10.2   向左走，向右走

在同学们的共同努力下，Aelos 终于解开了同桌开小差不被发现的小秘密。在受到老师的批评后，这个调皮的同桌也很惭愧，但是他却没有办法改正这个问题，我们可以一起来帮助他么？

通过前次的分析和模拟，我们知道这个调皮的同桌身体里主要是一个 If 结构的程序，这个程序使得他在两种不同的情况下做出了不同的选择。如果我们要帮助他改正这个坏毛病，就要打开"开小差的同桌"这个程序文件，对其中的指令进行修改。

我们看到现在判断结构的两个分支分别是"老师在的时候蹲坐听课"和"老师不在的时候左右摇晃"两个，现在我们将右边的"左右摇晃"动作指令删除，为他增加一个"自己思考"的动作指令。那么站在"分岔路口"的机器人，无论选择向左走还是向右走都是一个热爱学习的好孩子哦！（如图 10.8）

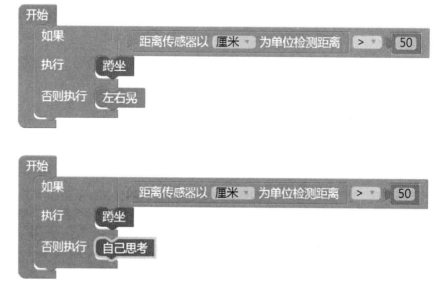

图 10.8   更改动作示意图

生活中的选择无处不在，在这个路口我们选择了向左或向右，在下一个路口我们又会遇到新的选择题。在我们的程序设计中也常会遇到这样的情况。

现在我们设置这样一个使用环境，我们希望用遥控器对 Aelos 下达两种操作命令，当按下按键 1 时 Aelos 做摆臂动作，当按下按键 2 的时候 Aelos 做欢呼的动作。怎么来设计呢？

是的，我们可以利用第九章中的遥控器平行嵌套的知识来设计，将两个动作分别绑定在遥控器的按键 1 和按键 2 上，完成如图 10.9 所示的程序设计。

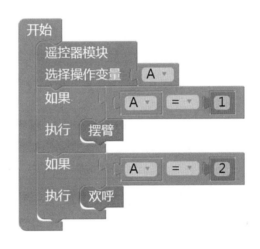

图 10.9　遥控器控制动作示意图

这个程序在执行过程中的确可以做到用按键 1 控制摆臂动作，用按键 2 控制欢呼动作，但是也存在着一点不是很完善的地方。当我们按下遥控器的其他键的时候 Aelos 是不会做任何动作的，用户在不知道程序设计内容的时候就会不理解该如何使用。所以我们需要修改这个程序，在其中加入报错部分。

　　我们利用判断条件嵌套来完成这个程序设计，完成图如图 10.10 所示。在这个程序中我们设置了两个判断分支。在第一层 If 分支中我们设置了变量 A，当 A=1 时，执行的是摆臂动作，当 A ≠ 1 时，程序进入第二层分支。在第二层分支中我们设置了变量 B，当 B=2 时，执行欢呼指令，在 B ≠ 2 时我们让 Aelos 执行报错动作——挠头并发出报错音。这样如果用户在按击 1 号键和 2 号键之外的其他按键时，Aelos 就会发出提醒。

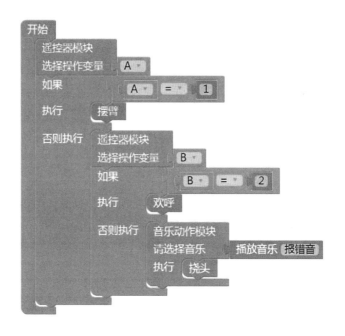

图 10.10　If 条件嵌套动作示意图

学习小结

我会做		
1	编写开小差的同桌程序	已完成 / 未完成
2	修改分支程序，让同桌守纪律	已完成 / 未完成
3	设计一个多层嵌套的分支程序	已完成 / 未完成
本节课整体评价		☆ ☆ ☆ ☆ ☆

小艾说

谈谈用户体验

用户体验是一种纯主观的在用户使用产品的过程中建立起来的感受。通俗一点的理解就是用户在使用这个产品的过程中的感觉，包括操作方不方便，结果是否满意，以及心情是否愉快，等等。在我们的作品设计和程序设计过程中也需要考虑到用户体验。正如本章中最后所做的一点修改，如果我们不加入报错内容，用户在使用过程中通过多次尝试摸索也许也能够明白自己按到了错误的键，Aelos 就不会执行动作。但是这样的用户体验是很糟糕的，如果遇上不愿意等待和摸索的用户就会觉得 Aelos 坏了，那岂不是很冤枉？

亲爱的同学们，你们也一定非常希望可以把自己的程序作品和大家一起分享，当然也希望在分享过程中得到大家的肯定，所以在设计程序的时候不妨多换个角度考虑一下用户体验哦。

第 11 章　传感器入门

"宝宝脸,圆又圆,圆圆脸上画五官。小眼睛,看风景,小耳朵,听声音,小鼻子,闻香味,小嘴巴,吃东西。"人是有五官的,就像童谣里所说的,人类依靠眼耳口鼻舌五官来接收外界的信息。那么,我们机器人呢?机器人也有自己的五官,这些五官的功能就是依靠"传感器"来完成的。所以我们也常把各种各样的传感器称之为"电子五官"。

11.1　初识传感器

传感器(transducer/sensor)是一种检测装置,能感受到被测量的信息,并能将感受到的信息,按一定规律变换成为电信号或其他所需形式的信息输出,以满足信息的传输、处理、存储、显示、记录和控制等要求。

我们常将传感器的功能与人类 5 大感觉器官相比拟:

压敏、温敏传感器——触觉

气敏传感器——嗅觉

光敏传感器、颜色传感器——视觉

声敏传感器——听觉

化学传感器——味觉

数字压力传感器:

压力传感器是工业时间、仪器仪表中最为常用的一种传感器,并广泛引用于各种工业自控环境,涉及水利水电、铁路交通、生产自控、航空航天、军工石化、油井、电力、船舶、机床、管道等众多行业。如图 11.1 所示。

压力传感器的工作原理是利用单晶硅膜片将所受到的压力值转化为数值,并将这个数值传输出去。具有体积小、耗电少,灵敏度高、精度好的优点,但是温度特性较差。

图 11.1　数字压力传感器

温敏传感器:

温敏传感器是将温度变化转换为电亮变化的装置。利用敏感元件电磁参数随温度变化而变化的特征达到测量目的,如图 11.2 所示。在类型上分为接触式与非接触式两

图 11.2　温敏传感器

大类。接触式温度传感器直接与被测物体接触进行温度测量，要测得物体的真实温度的前提条件是被测物体的热容量要足够大。非接触式温度传感器主要是利用被测物体热辐射而发出红外线，从而测量物体的温度，可进行遥测。但成本较高，测量精度也较低。

气敏传感器：

　　气敏传感器是一种检测特定气体的传感器，如图 11.3 所示。它主要包括半导体气敏传感器、接触燃烧式气敏传感器和电化学气敏传感器等。其中用得最多的是半导体气敏传感器。它将气体种类及其与浓度有关的信息转换成电信号，根据这些电信号的强弱就可以获得与待测气体在环境中的存在情况有关的信息，从而可以进行检测、监控、报警；还可以通过接口电路与计算机组成自动检测、控制和报警系统。气敏传感器的应用主要有：一氧化碳气体的检测、瓦斯气体的检测、煤气的检测、氟利昂（R11、R12）的检测、呼气中乙醇的检测、人体口腔口臭的检测，等等。

图 11.3　气敏传感器

光敏传感器：

　　光敏传感器是利用光敏元件将光信号转换为电信号的传感器，它的敏感波长在可见光波长附近，包括红外线波长和紫外线波长。光敏传感器不只局限于对光的探测，它还可以作为探测元件组成其他传感器。对许多非电量进行检测，只要将这些非电量转换为光信号的变化即可。光敏传感器主要应用于太阳能草坪灯、光控小夜灯、照相机、监控器、光控玩具、声光控开关、摄像头、防盗钱包、光控音乐盒、生日音乐蜡烛、音乐杯、人体感应灯、人体感应开关等电子产品光自动控制领域（如图 11.4）。

图 11.4　光敏传感器

颜色传感器：

　　颜色传感器是通过将物体颜色同前面已经示教过的参考颜色进行比较来检测颜色，当两个颜色在一定的误差范围内相吻合时，输出检测结果（如图 11.5）。

图 11.5　颜色传感器

声敏传感器：

能将音频信号转化为电信号的装置，是一种用于流量检测的传感器。该传感器接线时可带电设定，在高 / 低灵敏度的量程模式下操作。高灵敏度量程适用于在 40db 波动的高频信号。低灵敏度量程应用于在 28db 到 68db 波动的高频信号。该传感器通过提供外部电源，可独立于控制设备，独自进行操作（如图 11.6）。

图 11.6　声敏传感器

化学传感器：

化学传感器（Chemical Sensor）是对各种化学物质敏感并将其浓度转换为电信号进行检测的仪器。对比于人的感觉器官，化学传感器大体对应于人的嗅觉和味觉器官。但并不是单纯的人体器官的模拟，它还能感受人的器官不能感受的某些物质，如 H_2、CO（如图 11.7）。

图 11.7　化学传感器

　　正是因为有了这些传感器，我们机器人才能够和人类一样拥有感知外界的能力。在我的随身行李包中也有传感器，同学们可以认识一下他们哦（如图 11.8）。

图 11.8 各种传感器

11.2 传感器的广泛应用

传感器是我们机器人的"电子五官"，没有了传感器，我们就无法很好地获取外界的信息，也就不能更好地为人类服务了。当然传感器也不只是应用在机器人领域，目前传感器广泛应用于各个领域。除了消费电子之外，还广泛应用于汽车、医疗电子等领域，尤其是智能手机以及平板电脑。

我们常用的计算机键盘就是一种压力传感器。如图 11.9 所示，键盘上每一个键的下面都连一小金属片，与该金属片隔有一定空气间隙的是另一小的固定金属片，这两金属片组成一个小电容器。当键被按下时，此小电容器的电容发生变化，与之相连的电子线路就能够检测出哪个键被按下，从而给出相应的信号（如图 11.9）。

图 11.9 键盘打字原理示意图

传感器在日常生活中也有着广泛的应用，常见的如：自动门，通过对人体红外微波的传感来控制其开关状态；烟雾报警器，通过对烟雾浓度的传感来实现报警的目的；电子秤，通过力学传感来测量人或其他物品的重量；水位报警、温度报警、湿度报警等也都利用的是传感器来完成其功能。

图 11.10　烟雾探测器

烟雾探测器（如图 11.10），也被称为感烟式火灾探测器、烟感探测器、感烟探测器、烟感探头和烟感传感器，主要应用于消防系统，在安防系统建设中也有应用。火灾的起火过程一般情况下伴有烟、热、光三种燃烧产物。在火灾初期，由于温度较低，物质多处于阴燃阶段，所以产生大量烟雾。烟雾是早期火灾的重要特征之一，感烟式火灾探测器就是利用这种特征而开发的，能够对可见的或不可见的烟雾粒子响应的火灾探测器。它是将探测部位烟雾浓度的变化转换为电信号实现报警目的一种器件。

在我们的手机中更是处处都有传感器的应用。例如在极品飞车、天天跑酷等游戏中就是利用重力传感器完成游戏效果；手机的摇一摇功能就是用加速度传感器对手机的加速度进行感应；用光线传感器实现手机的自动调光功能；用距离传感器感应人体和手机屏幕的距离，使得接电话时手机离开耳朵屏幕变亮，手机贴近耳朵屏幕变黑。如图 11.11 所示。

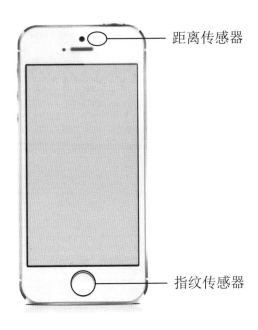

距离传感器

指纹传感器

图 11.11　手机中的传感器

传感器因其微型化、数字化的特点，被应用在生活中的各个领域。同学们是不是也想快点利用各种传感器让 Aelos 更出色呢？

学习小结

我知道	
什么是传感器	
常见的传感器种类	
生活中的传感器应用	
本节课整体评价	☆ ☆ ☆ ☆ ☆

小艾说

关于仿人机器人

　　什么是仿人机器人呢？仿人机器人就是模仿人的形态和行为而设计制造的机器人，一般分别或同时具有仿人的四肢和头部。我们乐聚机器人就是仿人机器人哦，所以我们有着和人类相似的外形，也可以模仿人类的一些行为。

　　像我们这样的仿人机器人在完成普通机器的生产任务的同时还可以具备生活、娱乐或者学习的功能，是可以陪伴着同学们一起成长的哦。Aelos 非常想成为同学们的好朋友。但是，从机器人技术和人工智能的研究现状来看，要完全实现高智能，高灵活性的仿人机器人还有很长的路要走。不过我们相信这一天并不遥远。

第 12 章　察颜观色

传感器的世界丰富多彩，如果能够合理地利用他们，我们可以拥有更多技能，你是不是也和我一样迫不及待要开始学习传感器的使用了呢？

12.1　颜色传感器

打开我们的"行李箱"，先观察我们的传感器，虽然种类各不相同，但是在外形上都有一个相似的地方。每一个传感器的背面都有一块黑色的突起，在这个突起的两侧是两块磁吸，中间的凹槽上有三个金属针脚，如图 12.1 所示。

图 12.1　传感器背面

这是为什么呢？我们说一般传感器都有三个针脚，两个是电源线，一个是数据线。如果用将这三个针脚和电脑芯片相连就可以让传感器正常工作了。但是考虑到针脚外露容易在操作中误伤，用线连接的方式也容易造成不稳定。所以我们的程序员们将这些传感器做成一个个的小模块，将针脚隐藏在凹槽中，并用磁吸将传感器牢牢吸引在机器人短口上。这样同学们操作起来就既简单又稳定咯。生活中的每一处都充满了智慧呢。

接下来我们一起来看机器人身上的端口。在每一个乐聚机器人身上都有三个传感器端口，用来连接传感器。在机器人的背后有一个 LED 屏幕，在这个屏幕上分别有 ID1、ID2 和 ID3 三个数据，分别对应三个端口上的传感器的数据。每个数据的变化范围为 0~255，我们在使用传感器的过程中可以通过 LED 屏了解当前传感器的工作情况和数据值大小，这对于我们了解传感器的工作原理和编写程序都有着非常重要的作用。

本章我们要来学习使用颜色传感器。在了解颜色传感器的工作原理前我们先来学习下三原色的知识。三原色光模式（又称 RGB 颜色模型或红绿蓝颜色模型）是一种加色模型，将红（Red）、绿（Green）、蓝（Blue）三原色的色光以不同的比例相加，以产生多种多样的色光。如图 12.2 所示。RGB 颜色模型的主要目的是在电子系统中检测、表示和显示图像，比如电视和电脑。

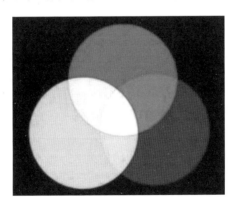

图 12.2　RGB 颜色模型

在颜色传感器中设置三个滤波器，当选定一个颜色滤波器时，它只允许某种特定的原色通过，阻止其他原色的通过。例如：当选择红色滤波器时，入射光中只有红色可以通过，蓝色和绿色都被阻止，这样就可以得到红色光的光强；同理，选择其他的滤波器，就可以得到蓝色光和绿色光的光强。通过这三个值，就可以分析投射到传感器上的光的颜色。

也正是基于三原色的原理，在颜色传感器工作的时候需要进行白平衡调节。关闭 Aelos 电源，将颜色传感器放在端口 2 上，取一张白色卡纸放置于颜色传感器灯顶，上电后等待 5 秒钟后 ID 数值显示 40，即完成白平衡调节。

此时，再拿其他颜色的卡纸对准灯顶 5 秒钟，ID 值会显示为该种颜色的数值。同学们可以拿着卡纸一一实验，并把结果记录下来哦。常见颜色数值对应表如表 12–1。

表 12–1 常见颜色数值对应表

颜色		数值	颜色		数值
白色		40	黑色		80
黄色		30	蓝色		70
枚红色		20	绿色		60
青色		10	红色		50

（数值会有一定的误差，例如白色数值在 35–45 之间都正常）

12.2　交通红绿灯

那么我们可以利用这个颜色传感器做个什么程序呢？试一试做个红绿灯，怎么样？我们准备多张不同颜色的卡纸，然后在教育版软件中编写一个红绿灯的程序，要求 Aelos 在检测到红灯的时候就停止前进，检测到绿灯的时候就前进，如果检测到其他颜色就挠挠头表示不知道怎么办。

显然，在程序中对于颜色的判断是通过对应端口的 ID 值来进行的，当 ID 值为 60 的时候认为绿色，ID 值为 50 的时候认为是红色，考虑到颜色传感器数据的误差，我们可以把 45–55 的数值范围内认为是红色，55–65 的范围内认为是绿色。这个数值判断依然可以用 If 的嵌套来完成哦。

在教育版软件中新建一个文件"红绿灯"，并编写如图 12.3 程序：

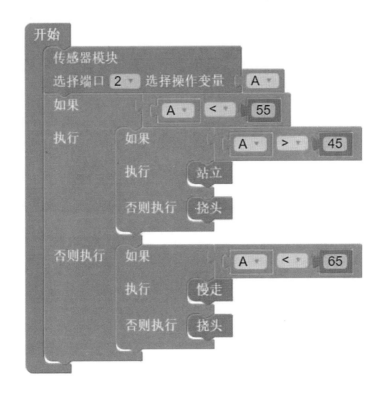

图 12.3　"红绿灯"程序

把程序传输到 Aelos 上进行试验吧。完成了"红绿灯"程序的编写后，请同学们自己探索一下还可以利用颜色传感器制作一个怎样的程序呢?

程序名称	
程序简介	
创意来源	
判断条件	

学习小结

我会做		
1	安装传感器	已完成 / 未完成
2	查看对应 ID 数值	已完成 / 未完成
3	颜色传感器白平衡调节	已完成 / 未完成
4	使用颜色传感器	已完成 / 未完成
我知道		
三原色原理		
颜色传感器的工作原理		
本节课整体评价		☆ ☆ ☆ ☆ ☆

小艾说

三原色的感应原理

通常所看到的物体颜色，实际上是物体表面吸收了照射到它上面的白光（日光）中的一部分有色成分，而反射出的另一部分有色光在人眼中的反应。白色是由各种频率的可见光混合在一起构成的，也就是说白光中包含着各种颜色的色光。根据德国物理学家赫姆霍兹的三原色理论可知，各种颜色是由不同比例的三原色混合而成的。

第 13 章 无人驾驶

同学们听说过无人驾驶技术么？这是我们机器人世界里的一个非常厉害的成员——无人驾驶汽车。这是一种智能汽车，也被称之为轮式移动机器人。

13.1 距离传感器

这个厉害的家伙是怎么工作的呢？它主要依靠车内以计算机系统为主的智能驾驶仪来实现无人驾驶。无人驾驶汽车是通过车载传感系统感知道路环境，自动规划行车路线并控制车辆到达预定目标的智能汽车。它利用车载传感器来感知车辆周围环境，并根据感知所获得的道路、车辆位置和障碍物信息，控制车辆的转向和速度，从而使车辆能够安全、可靠地在道路上行驶。

这里说的车载传感器主要是指距离传感器。常见的测距传感器有红外测距传感器和超声波传感器。

超声波测距传感器也是一种很常见的测距传感器，依靠超声波的发射与反射接收中的时间差来判断距离，这和动物界的蝙蝠是一样的，算是仿生学的一项应用（如图 13.1）。

图 13.1   超声波传感器

红外测距传感器具有一对红外信号发射与接收二极管，利用红外测距传感器 LDM301 发射出一束红外光，在照射到物体后形成一个反射的过程。反射到传感器后接收信号，然后利用 CCD 图像处理接收发射与接收的时间差的数据，经信号处理器处理后计算出物体的距离。在我们乐聚机器人身体里内置的就是一个夏普红外测距传感器，用来实时监测我们与周围物体的距离（如图 13.2）。

图 13.2   夏普红外测距传感器

我们可以在 Aelos 背后的 LED 信息屏中看到相应的数据，而 SAP 就是红外测距传感器的实时监测数据（如图 13.3）。

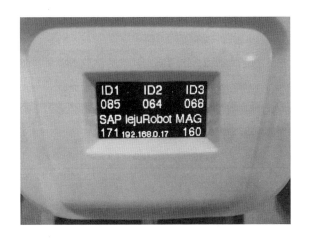

图 13.3　红外测距离数据 SAP

其实这个红外测距传感器已经是我们的老朋友了，还记得我们"调皮的同桌"这一个程序么？在这个程序中我们就是利用了乐聚机器人身体中内置的这个传感器和 If 分支结构来完成任务的。我们简单回顾一下这个程序的制作过程。首先，通过试验，我们发现 SAP 的数值随着物体与机器人的距离增大而减小，也就是说当物体和机器人距离越小的时候，SAP 的数值就越大，反之，物体和机器人距离越大的时候，SAP 的数值就越小。我们选取了"SAP 数值是否小于 50"作为判断条件，在两种不同的情况下执行不同的动作指令（如图 13.4）。

图 13.4　红外距离传感器作用

13.2　距离避障

那么，我们是不是也可以用同样的思路来设计一个简单的无人驾驶程序呢？要实现无人驾驶需要解决两个问题：第一个是接收外界的信息，获取机器人和外界障碍物之间的距离；第二个是根据所获得的距离信息执行相应的动作指令。我们依然用SAP值是否大于50来作为判断条件：如果大于50说明靠近障碍，需要进行躲避，让Aelos进行右转的操作；如果小于50则继续前进。据此，我们可以获得这样一个程序流程图（如图13.5）。

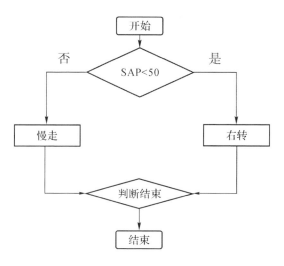

图 13.5　无人驾驶流程图

打开教育版软件，新建一个"无人驾驶"的程序，依据流程图编写程序如图13.6所示。

图 13.6　无人驾驶程序图

将程序传输至 Aelos 上，试验下实际效果。可以根据实际实验的结果调整判断条件中 SAP 的值哦。

学习小结

我会做		
1	调用红外距离传感器	已完成／未完成
2	编写自动避障程序	已完成／未完成
3	根据实验结果调整程序	已完成／未完成
我知道		
什么是无人驾驶汽车		
什么是红外距离传感器		
本节课整体评价		☆ ☆ ☆ ☆ ☆

小艾说

科技改变生活

十年前，我们也许并不会相信有一天手机除了打电话和发短信还能有现在这样的多功能，我们更不会想到有一天这些智能设备可以内置在日常穿戴品上。正如我们从未想过有一天我们的汽车可以自己行驶一样。科技正以我们不可预想的速度改变着我们的生活。也正是高速发展的科技将我们——乐聚机器人带到了同学们身边。

正在学习科学技术的你们，是幸运的，因为在未来你们能将自己所学的科学技术应用到更广阔的空间中，为我们的生活创造更多的可能。

第 14 章　一路南行

同学们知道中国的四大发明吗？造纸术、火药、印刷术、指南针。小艾最喜欢的就是指南针了。因为有了它，许多迷途的人能够找到正确的方向。也正是因为它，人类找到了在茫茫大海中航行的方向，从此开辟了许多新的航线，缩短了航程。它加速了航运的发展，促进了各国人民之间的文化交流与贸易往来。

14.1　磁场

同学们知道指南针的原理么？同学们都玩过磁铁吧，磁铁有南北两个磁极。"同极相斥，异极相吸"就是说同磁极间互相排斥，南北磁极间就会互相吸引。我们的地球就是一个巨大的磁极，地磁南极在地理北极附近，而地磁北极在地理南极附近。地磁南北极和地理南北极之间存在一个小偏角，我们称之为"磁偏角"。

而指南针就是一个小磁体，在地球的磁场中受磁场力的作用，所以会一端指南一端指北，如图 14.1 所示。

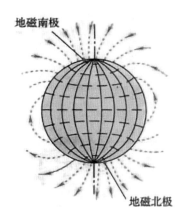

图 14.1　地磁示意图

随着科学技术的发展，指南针也有了新的形式和应用。现有指南针主要有两种类型，其一是根据地球磁场的有极性制作的地磁指南针，但这种指南针指示的南北方向与真正的南北方向不同，存在一个磁偏角；其二是电子指南针，采用磁场传感器的磁阻（MR）技术，可很好地修正磁偏角的问题，现已大量用于 GPS 定位装置中。

14.2　地磁传感器

在我们乐聚机器人身体里内置的另一个传感器就是地磁传感器，LED 显示屏中 MAG 的数值就是地磁传感器的数据。

让我们和 Aelos 一起来玩一个电子罗盘的游戏吧。我们只需要准备一个指南针，一张表格，当然还有 Aelos 了。将 Aelos 放在平坦的地面上，然后缓慢转动 Aelos，观察 LED 屏幕上 MAG 数值的变化。回答第一个问题，MAG 的数值变化是在一个什么范围呢？

接下来我们拿出指南针，找到正南方向，然后把机器人也转向正南方向，记录下此时 MAG 的数值。同样道理，分别记录下正北，正西和正东方向时 MAG 的数值，填在表 14-1 中。

表 14-1　MAG 数值记录表

MAG 数值变化范围			
方向	MAG 数值	方向	MAG 数值
正东		正南	
正西		正北	

MAG 的数值变化范围是不是 0 到 360 呢？这正好是一个圆周的度数范围，所以我们可以把 MAG 数值和方向的关系在一个圆上表示出来，就可以得到这样一个对应图。如图 14.2 所示。接下试一试将 Aelos 随意放置一个位置，你可以根据 MAG 数值说出对应的方位吗？

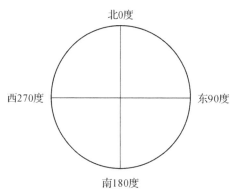

图 14.2　MAG 数值与方向对应图

认识了地磁传感器后，我们就试着来做一个 "一路南行" 的程序吧。

程序效果是将 Aelos 随机放在一个位置，然后通过地磁传感器感知所处位置，如果机器人正好朝南则一直向前行，如果并不朝南，则根据实际位置进行左转或右转调整位置。

考虑到实际运行中存在一部分的干扰因素，我们将地磁传感器的数据范围分为三个部分。0 度到 170 度意味着此时方向偏东，机器人需要右转调整方向，190 度到 360 度则意味着此时方向偏西，机器人需要左转调整方向；如果是在 170 度到 190 度范围内我们认为机器人是面向正南方向的，不需要调整（如图 14.3）。

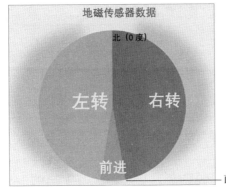

图 14.3　机器人调整方向

我们通过 If 分支结构的嵌套来实现三部分数据的分类讨论。第一层 If 结构中判断条件为角度是否大于 170，若小于 170 则执行左转，大于 170 的情况下进入第二层 If 条件判断；第二层判断条件为是否小于 190，若大于 190 则执行左转，反之则为正南方向，一直前行。

在教育版软件中新建一个文件"一路南行"，编写得到如图 14.4 程序。

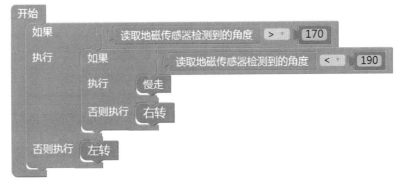

图 14.4　"一路南行"程序图

将程序传输到 Aelos 上，看看 Aelos 能不能在迷途中找到正确的方向，一路南行吧。

学习小结

我会做		
1	根据 MAG 数值说方位	已完成／未完成
2	编写"一路南行"程序	已完成／未完成
我知道		
指南针的原理		
地磁场的存在		
本节课整体评价		☆ ☆ ☆ ☆ ☆

小艾说

发现和思考

　　都说一个苹果砸中了牛顿，于是就有了万有引力。但是世上那么多苹果树，牛顿也绝不是第一个被苹果砸中的，为什么偏偏是他发现了万有引力呢？究其原因就是"重要的不是你看到了什么，而是你在思考什么和你为之付出了什么"。牛顿看到苹果落下，开始思考为什么苹果会落下来，继而去观察身边其他的事物，验证是不是所有东西都会往下掉。在大量的观察试验后，牛顿提出了一个猜想即"万物皆有引力"，并通过一系列的试验加以验证。

　　所以同学们，在科学研究中不仅需要一双会发现的眼睛，更需要会思考的头脑。相信我们的同学们在 Aelos 的陪伴下都会拥有这样的科学精神！

第15章 彬彬有礼

俗话说"有礼走遍天下，无礼寸步难行"，有礼貌、讲文明是每一个人的基本要求。我们乐聚机器人也知道文明礼仪的重要性，要做有礼貌的机器人，做机器人中的礼仪先锋。

15.1 触摸传感器

文明礼仪要从最基本的问好做起，我们先来尝试制作一个与 Aelos 握手的程序吧。打开教育版软件，新建一个"握手"的文件，在主程序中添加"握手"的动作。由于程序中的隐形循环，现在这个程序的执行效果就是不断地进行"握手"的动作。显然这样是不合实际的，我们得设定一个条件来触发这个动作的发生和结束。同学们一定玩过很多电动玩具吧，我们常常用开关或者按钮来控制电动玩具的动作，我们可不可以用相似的方式来控制这个程序呢？

在 Aelos 的行李箱中有没有什么宝贝可以帮助我们呢？程序员叔叔为 Aelos 配备了一个触摸传感器。如图 15.1 所示。

图 15.1　触摸传感器

触摸传感器的工作原理是通过表面压力的改变而改变电阻，当笔或手指按压外表上任一点时，在按压处，控制器会侦测到电阻产生变化，并通过控制器处理后输出信号。

我们行李箱中的触摸传感器就是利用这个原理。把触摸传感器放到 Aelos 的端口上时，我们可以看到此时对应端口的数值为 254/255，即高电平，当我们用手按压一下触摸传感器的时候，端口的数值就变成 0/1，即低电平，再按压一次则恢复为高电平。所以我们可以把它理解为一个开关，按一下打开，再按一下关闭。我们可以据此来设计我们的程序，如图 15.2 所示。

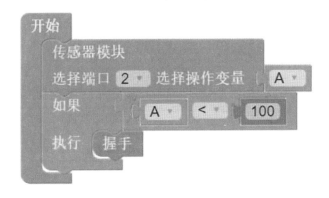

图 15.2　触摸握手流程图

15.2　人体红外传感器

但是现在的这个程序是非常被动的，只有当同学们主动触控传感器的时候，Aelos才会做握手的动作或停止握手动作。我们的乐聚机器人可是非常"热情"的，我们希望当有人站在我们面前的时候，我们就能够主动地与对方握手。

这要怎么实现呢？首先要完成对前方是否有人的判断，我们在前面学过距离传感器，可以通过与前方物体的距离检测判断前面是不是有障碍物。我们在"调皮的同桌"中就是利用这个传感器来设计的。但是在实际应用中也存在一个问题，由于距离传感器是检测距离的，对于人或者物体都是一样的检测效果。也就是说，如果我们用距离传感器制作的话，当我们前面出现任何障碍物我们都会做出握手的动作，这样不就会闹笑话了么。所以我们需要一个能够区分人类和其他障碍物的设备——人体红外传感器，如图 15.3 所示。

图 15.3　人体红外传感器

红外线感应器是根据红外线反射的原理研制的。即当人体的手或身体的某一部分在红外线区域内，红外线发射管发出的红外线由于人体手或身体遮挡反射到红外线接收管，通过集成线路内的微电脑处理后输出信号。

现在我们把红外线传感器放置到 Aelos 的 2 号端口上，然后观察一下人出现在 Aelos 面前和离开时，ID2 中的数据变化。接下来我们只需要在之前程序的基础上修改一下就可以了。修改原来的程序，并将文件另存为"红外传感握手"，传输到 Aelos 上，查看效果，如图 15.4 所示。

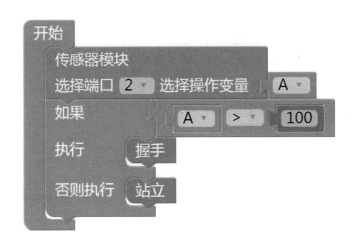

图 15.4 "红外传感握手程序"流程图

我们将这个新程序传输到 Aelos 上，试验一下效果如何吧，感受到我们乐聚机器人的热情了么？热情是好事，但是太热情也是会给别人造成困扰的哦。就像现在我们一识别到有人出现就开始握手，而没有停止的时候，是不是也不大合适呢？思考一下，有没有什么办法让我们在礼貌的握手后就停止呢？

同学们还记不记得在上册的学习中我们用 While 模块做了一个停止的程序呢？在这里我们可以再次用同样的方法让我们在完成握手动作后停止程序执行。只是这里进入 While 模块的条件是需要在执行过程中手动输入了。当人们与 Aelos 握手完毕，要离开的时候可以通过按压触摸传感器来告诉 Aelos 停止动作。

　　我们将人体红外传感器放在2号端口上,把触摸传感器放到3号端口上,然后在"红外传感握手"程序的基础上添加上无限循环模块。如图15.5 所示。

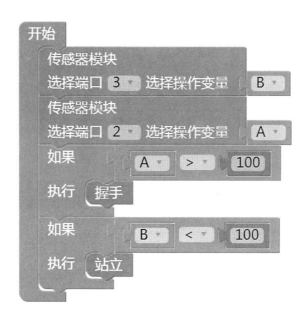

图 15.5　添加无限循环的"红外传感握手"流程图

　　现在,我们的"人体红外传感握手"程序就基本完成了。同学们在调试成功后可以加上自己的创意,编写"有礼貌的机器人",让 Aelos 在感知到有人靠近时做出其他动作,看看谁设计的动作是最有礼貌,最周到的。

学习小结

我会做		
1	调用触摸传感器	已完成 / 未完成
2	试用人体红外传感器	已完成 / 未完成
3	设计"有礼貌的机器人"程序	已完成 / 未完成
我知道		
触摸传感器原理		
人体红外传感器原理		
本节课整体评价	☆ ☆ ☆ ☆ ☆	

小艾说

关于问好

中华五千年的文明传统告诉我们要与人和善，见面要问好。但世界上各个国家和民族，见面打招呼的问候方式也是不同的。古代中国人，见面时互相作揖以示友好，现在则改为握手，关系亲密的还会双手握手。在日本，人们之间互相问候的方式是以鞠躬为多。一些非洲人见面时，会互相拥抱，把面颊贴在一起。俄罗斯和加拿大的爱斯基摩人见面时会用拳头捶打熟人的头和肩。在欧洲，人们通常以扬眉这一身体语言来向亲人或好友打招呼，但美国人却不是这样的问候方式。同样的，不同国家在很多文明礼仪上是有所不同的，同学们要学会入乡随俗哦。

第 16 章　闪烁的灯光

　　各种各样的传感器为我们乐聚机器人提供了外界的诸多信息，也正是因为这些传感器，我们才可以完成更多任务。我们用传感器接收信息，也用我们的方式向外输出信息。

16.1　机器的输出

　　正如同学们所知道的，在冯诺依曼结构中将计算机分为运算器、存储器、控制器、输入和输出设备五大基本部件。我们机器人也属于计算机，也有着我们的输入和输出结构。

　　输入设备是指利用设备特性采集外界数据传输到机器人的控制中心的设备总称，我们前几章学习的传感器就是机器人结构中典型的输入设备。

　　输出设备是将机器人的处理结果返回给外部世界的设备的总称。这些返回结果可能是使用者能够直接体验的，例如我们通过多媒体播放音乐，或者在屏幕中显示视频或者图片，这些输出内容是使用者可以直接看到、听到或者感受到的。也有一些输出结果是使用者需要简介感知或者无法感知的。例如我们通过程序输出舵机旋转值来控制我们的四肢，其中输出的数值并不能够直接被感知，而是通过四肢的运动间接展现。再如我们可以通过传输高低不同的两种电频控制 LED 灯的点亮和熄灭，这也是对输出值的间接感知。无论是直接感知还是间接感知，机器的输出结构在实际应用中都有着不可忽视的作用。在本章学习中就让我们先来认识几个常见的输出结构吧。

16.1.1　电机

电机（Electric machinery，俗称"马达"）是指依据电磁感应定律实现电能转换或传递的一种电磁装置。如图 16.1 所示。它的主要作用是产生驱动转矩，作为用电器或各种机械的动力源。在电瓶车、玩具车、航模、剃须电动刀等生活用品中都有电机的应用。尤其是在电动汽车中，就是由马达来提供连续的前进动力的。如图 16.2 所示。

图 16.1　电机示意图

图 16.2　马达示意图

16.1.2　舵机

你肯定在电动玩具中见到过舵机，至少也听到过它转起来时那与众不同的"吱吱吱"的叫声。在我们乐聚机器人的身体中的每一个关节处也都有它的身影。舵机的旋转不像普通电机那样只是古板的转圈圈，它可以根据你的指令旋转到 0 度至 180 度之间的任意角度然后精准地停下来。这也是为什么我们乐聚机器人可以完成这么多精准动作的原因。

如图 16.3 最左边的为大扭力舵机，中间两个是体积最小的微型舵机，最右边的是标准舵机。三种舵机都是三线控制的，可以根据需要进行选择。我们乐聚机器人身上就装有舵机，所以我们还是很有力量的。

图 16.3　不同舵机示意图

16.1.3　LED 灯具

发光二极管（Light-Emitting Diode，简称 LED）是一种能将电能转化为光能的半导体电子元件。通过机器输出的电压来实现灯的点亮和熄灭。在程序和足够的电压支持下，机器还可以完成更多 LED 灯的控制，甚至完成特定的灯光效果。如图 16.4 和图 16.5 所示。

图 16.4　LED 灯传感器

图 16.5　LED 灯放置在 1 号输出端口

16.2　灯光闪烁

Aelos 的行李箱中藏着的宝贝是真不少，见识了各种传感器之后我们要来研究下电机和 LED 灯的使用了。在上一节课中我们说其实这个电机和 LED 灯都属于机器的输出结构，是机器人和外界交流的一种反应方式。

那么电机和 LED 灯都是怎么工作的呢？电机和 LED 灯的工作都离不开电，只有在合适的电压下它们才能正常的运作。所以就是通过程序控制输出电压的高低来控制这两个输出结构的工作。

　　我们先来看 LED 灯。在生活中我们经常会点灯，我们也常通过开关来控制灯的点亮和熄灭，打开开关给电灯通电，电灯点亮，关上开关给电灯断电，电灯熄灭。据此，我们在程序输出中用 1 和 0 两个数值分别表示通电和断电的情况。输出 0，使 LED 灯点亮，输出 1，使 LED 熄灭。

　　打开教育版软件，新建一个"灯光闪烁"的文件。在控制模块中找到"输出模块"拖放至程序中，并对输出模块做如图 16.6 设置。输出信号为 0，输出端口为 1，代表将端口 1 上的 LED 灯点亮。同样的，再添加一个输出模块，将输出信号设置为 1，输出端口不变，目的是将端口 1 上的 LED 灯熄灭。由于程序的隐形循环，应该可以实现 LED 灯一闪一闪的闪烁效果。

图 16.6　LED 灯亮灯灭示意图

　　将如图 16.7 编写好的程序传输至 Aelos 上，查看效果。我们会发现，LED 灯并没有实现我们预想的闪烁效果，而是一直都没有被点亮。这是怎么回事呢？我们依然从生活中开灯关灯的实例中寻找答案。我们打开电灯开关后，电灯会点亮，关上开关电灯就熄灭，但是如果我们不停地开合开关呢？如果这个开合的间隙时间非常小的话，电灯是不是就一直处于熄灭或者点亮的状态呢？现在我们再来看我们的程序，在我们的程序中点亮 LED 灯后立即又将它熄灭了，再点亮，中间执行的时间间隙是非常短暂的。所以我们要实现闪烁效果就需要在程序中增加一点等待的时间了。

图 16.7　灯亮灭程序示意图

　　我们在控制模块中找到"延迟模块"，拖放到程序中，如图 16.8 所示，并设置延迟时间为 1000ms，即为点亮或熄灭后等待 1 秒时间再执行下一步指令。我们再传输一次试试效果。

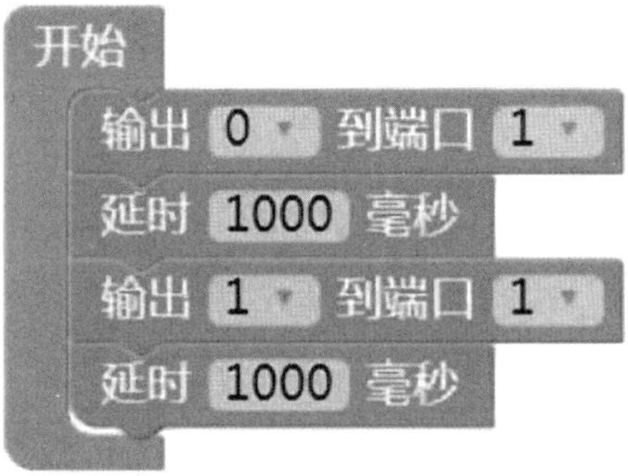

图 16.8　灯亮灭程序加延时效果示意图

　　与 LED 灯的控制相似的，我们的电机也是通过 1 和 0 两种不同的输出值来进行控制的：输出信号为 1 时，电机持续转动；输出信号为 0 时，电机停止转动。但是由于电机的转动本身往往没有什么具体意义，我们通常将其和其他部件进行组装应用，例如我们行李箱中就搭配了一个小风扇。接下来请同学们将风扇组装到电机上，并自己尝试制作一个程序，要求实现风扇每隔两秒钟转动一次，转动时长为 5 秒钟。

　　相信每一个同学都能够完成上面这个小任务吧。接下来让我们一起来接着挑战吧。我们可以将电机和人体红外传感器结合起来，当感应到有人出现的时候就让电扇扇起来。电机放置在一号端口，并在教育版软件中新建一个文件"人体感应电扇"，搭建如图 16.9 所示的程序。

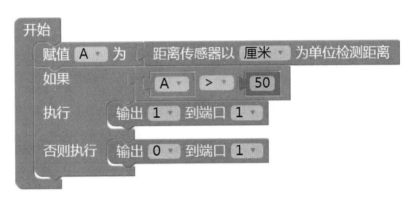

图 16.9　人体感应电扇示意图

　　将输入和输出结构有机结合之后的 Aelos 是不是更为贴心了呢？你可以设计出其他传感器和电机或者 LED 灯结合的程序吗？试一试，你可以让 Aelos 更棒！

学习小结

我会做		
1	编写灯光闪烁程序	已完成／未完成
2	编写温感电扇程序	已完成／未完成
3	自行设计一个输入输出程序	已完成／未完成
我知道		
机器人常见的输入输出结构		
延时模块的意义和作用		
本节课整体评价		☆ ☆ ☆ ☆ ☆

小艾说

关于延时

在本章的"闪烁的灯光"程序中，我们使用了延时模块，从而实现了灯光的闪烁效果。其实在很多程序中我们都会用到延时。因为机器人身体里的芯片处理速度非常快，远远高于有些输入输出结构的反应时间，为了匹配就需要加入适当的延时时间。这可是在实际应用过程中摸索出来的规律，是程序员们经过多次试验和思考总结出的。同学们在编写程序的过程中也需要有这样精益求精并且不断总结探索的精神哦！

第 17 章　贴心的小管家

你的生活环境舒适么？人们的心情、生活、工作都跟生活环境的好坏息息相关，一个舒适的温度、清新的空气和适宜的干湿能给人们带来身心愉悦的感受，帮助人们提高工作效率，改善工作心情，带来家的温暖。

17.1　宜居的环境

在诸多气象要素中，对人体舒适度影响最大的是温度和湿度。先来谈谈温度，当周围环境的温度过高时，会影响到人的体温调节功能。由于散温不良导致体温升高、血管扩张、脉搏加速，甚至出现头晕等症状；温度过低时，又会使人代谢功能下降、脉搏和呼吸减慢，皮肤过紧，皮下血管收缩，呼吸道抵抗力下降。人体虽然对外界温度的变化有一定的适应能力，肌体可以借助体温调节保持平衡，但这种调节是有一定的限度。因此医疗气象通过大量的实验研究把人体对"冷耐受"的下限温度和"热耐受"的上限温度分别定位 11℃和 32℃。

再说湿度，夏天室内湿度大时，抑制人体蒸发散热，使人体感到不舒适；冬天湿度过大时，会加速热传导而使人觉得寒冷。而室内湿度过低时，会因上呼吸道黏膜的水分大量散失而感到口干舌燥，并易感冒。研究结果表明，人体适宜的相对湿度上限值不超过 80%，下限值不低于 30%。

当然，这些是人体的舒适度的上下限值，人体最适宜的温湿度是多少呢？通过大量实验得出室内温度控制在 22℃—26℃，湿度为 40%—50%，人体感觉最舒适；而室内温度在 18℃—20℃，湿度为 40%—60%，人的思维最敏捷，工作效率最高。同学们要多注意自己所处环境的温湿度情况，在维护自身健康的同时提高自己的学习效率哦。

　　对于温湿度的检测，我们自然需要一些相应的检测仪器。我们常见的水银温度计就是利用水银的热胀冷缩而制成的。同样的，利用固体、液体、气体受温度的影响而热胀冷缩的现象制成的温度计还有酒精温度计、煤油温度计等。也有通过接收被测物体的红外波段的热辐射（红外辐射）强度来确定其温度的，例如耳温枪、红外测温器等（如图 17.1）。

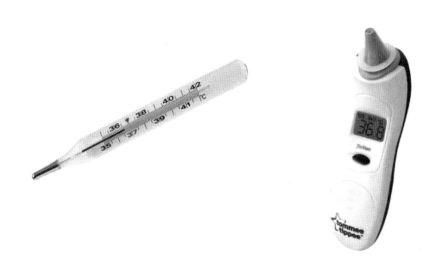

图 17.1　不同型号的温度计示意图

　　这里的湿度检测主要是指相对湿度的检测，相对湿度是绝对湿度与相同温度下可能达到的最大绝对湿度之比，它的值显示水蒸气的饱和度有多高。相对湿度为 100% 的空气是饱和的空气。传统的湿度检测主要是伸缩式的毛发湿度计和蒸发式的干湿球湿度计（如图 17.2）。

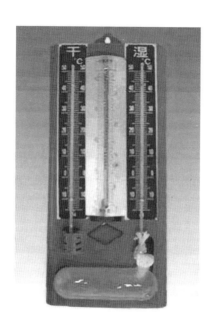

图 17.2　传统湿度计示意图

　　传统的温度计和湿度计虽然能够较准确地检测出所处环境的温度和湿度，但是结果不够精确，且体积较大，集成性差。随着科技的发展，温度传感器、湿度传感和集成的温湿传感器都应运而生，如图 17.3 所示。并且因为这些传感器的小型化、易于集成和测量结果的精确得到了广泛的应用。

图 17.3　温湿集成传感器示意图

　　我们乐聚机器人的行李箱中也收纳了温度传感器和湿度传感器，进行温度和湿度的监测，能为我们提供实时的环境温湿度数据（如图 17.4）。

图 17.4　温度传感器示意图

17.2　贴心小管家

正如我们在前面所说的，合适的温湿度对于人体的舒适度感受有着十分重要的作用，对于我们生理和心理健康也有着不可忽视的作用，如果我们能够用自己所学的知识对温湿度进行检测，并根据检测结果做出相应的措施，不是一件非常棒的事情吗？那就先把我们的温湿度传感器装上吧，把它放到 2 号端口上，在 LED 屏幕上查看下现在的温湿度情况。

接下来让我们打开教育版软件，新建一个"贴心小管家"的文件，开始我们的程序设计吧。在这个程序中我们想要实现的效果是如果当前环境不符合我们设定的舒适条件，那么就亮起红灯来"报警"。

我们先用温度试一下吧，我们把温度在 22℃—26℃条件设置为舒适的环境，不在这个温度条件的就亮起红灯。现在把温度传感器放到 2 号端口，LED 灯放到 1 号端口，然后打开教育版软件编写程序吧。

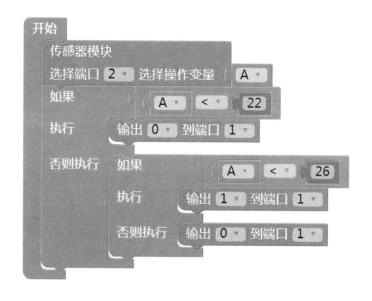

图 17.5　检测环境不同温度表现不同反应

通过这个程序，我们可以对环境温度进行检测，Aelos 会告诉你现在的温度是否适宜，但是仅仅知道我们现在的环境温度不适宜似乎不是很完善，我们可以再思考一下，如何进一步完善这个程序呢？

温度不适宜分为两种情况，温度太低或者温度太高，如果我们可以对两种情况做出不同的反应是不是会更好呢？当温度太低的时候，我们可以在亮起红灯的同时发出提示音。可是在我们的音乐库里似乎没有这样的音乐，我们怎么办呢？

在我们的计算机中有一个录音的小程序，我们可以利用这个录音机自己录制一段报警的声音。点击屏幕左下角 ![] 的，通过"程序——附件——录音机"的路径打开录音机程序。将计算机连接上麦克风，点击"开始录音"则可以开始录制我们独一无二的提示音了，如图 17.6 所示。录制完成后将文件保存为"天凉了"。但是在录音机里录制完成的音乐文件格式为 wma 格式，这个格式并不是我们乐聚机器人所支持的文件，所以同学们需要将这个文件转换为 wav 或者 mp3 格式的哦，转换完成后将文件放到音乐库中，就可以进行调用了。当温度太低的时候，Aelos 就会发出"天凉了，天凉了，天冷要穿衣服哦！"的提示音，是不是很有趣呢。

图 17.6　录音机录音示意图

那温度太高怎么办呢？还记得我们行李箱里的电机和风扇么，是不是也可以用在这里呢？将电机放到端口 1 上，修改下我们原来的程序。只需要将变量"A<22"时执行的输出模块替换为一个站立的动作，并把我们录制好了"天凉了"的音乐添加上去就可以了。

现在我们可以再次试验下我们的程序。在测试程序的过程中需要改变环境的温度，这个显然比较困难。我们可以用手将捂住温度传感器让温度上升，也可以用手接触冷水后再接触传感器，这些方法都可以帮助我们快速改变温度传感器监测到的数值，使我们可以更好地调试程序。

温度传感器的程序我们已经一起完成了，接下来就请同学们自己来探索完成湿度传感器的使用吧。相信同学们一定可以出色地完成这个任务哦！

学习小结

我会做		
1	使用温度、湿度传感器	已完成 / 未完成
2	调用 LED 灯和电机	已完成 / 未完成
3	编写温度传感器程序	已完成 / 未完成
4	探索并完成湿度传感器程序	已完成 / 未完成
我知道		
温度、湿度传感器工作原理		
适宜居住的环境条件		
本节课整体评价		☆ ☆ ☆ ☆ ☆

小艾说

声音文件的格式

文件格式（或文件类型）是指电脑为了存储信息而使用的对信息的特殊编码方式，是用于识别内部储存的资料。不同的文件类型有不同的文件格式，对应的也适用于不同的软件。如果文件格式不正确就会出现无法打开或者乱码的情况。常见的声音文件格式有 MP3、WMA、WAV 等等。

有的时候我们也需要对文件进行文件格式的转换，例如在我们的课例中需要将 WMA 的格式转换为 WAV。常见的格式转换软件有格式工厂、暴风转码等。

第 18 章 拒绝酒精

"开车不喝酒,喝酒不开车"是这些年人们时常提起的话,说起来是朗朗上口,但是我们依然会看到许多因为酒后驾车而造成的恶劣交通事故。在这些血淋淋的场景背后,是人们对于生命的侥幸态度,而人生以一种十分惨烈的方式告诉我们这样做的后果是什么。

18.1 酒精传感器

我们拒绝酒精,拒绝在酒后驾车,不希望再因为人们的一时侥幸而付出惨痛的代价。自 2011 年 5 月 1 日起,法律将醉酒驾车、飙车等危险驾驶定为犯罪。交通部门也加强了对酒驾、醉驾行为的监管和查处力度。你看到过交警检查酒驾的情景吗?你知道交警们是如何判断司机是否属于酒后驾车,是否达到了醉驾的标准吗?

我们先来认识下交警的武器——酒精探测仪,如图 18.1 所示,交警只需要让司机对准仪器吹口气,仪器会直接显示为饮酒、醉酒字样,或者是显示酒精含量数据,就可以来判定属于哪种情况了。这个仪器可是非常灵敏和准确的,只要你喝了酒,它都能及时地检测出来。

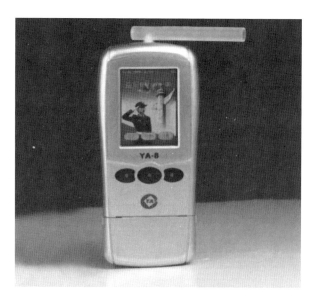

图 18.1   酒精探测仪示意图

这么一个小仪器是怎么完成这么重要的工作的呢？主要还是依靠我们的传感器了，在这个酒精探测仪中有一个酒精传感器，在传感器电路中的电阻值会由于呼出气体中的酒精浓度不同而发生改变。所以酒精传感器就是通过检测自身电阻值的大小并经过数据处理后输出数据的。

作为一个非常有社会责任心的机器人，小艾我也自愿肩负起监督各位司机朋友的责任，所以我在我的行李箱中也准备了一个酒精传感器，如图 18.2 所示。

图 18.2   酒精传感器示意图

我要带着我的酒精传感器去履行我神圣的职责，快点帮我把酒精传感器装在我的 2 号端口上，先来检测下酒精传感器的能力吧。当酒精传感器刚放到端口上的时候，对应的 ID 值是 255，这是由于酒精传感器还没有完成预热。等待一两分钟，待 ID 值降低到一定数值并相对稳定时就表示酒精传感器已经完成了预热。一般情况下 ID 值为 80—100 左右。

接下来，我们用小杯倒上一点啤酒、红酒和白酒，再把酒杯靠近酒精传感器，保持 3cm 左右的距离即可，观察 ID 值的变化情况。三次检测的情况如下：啤酒 130—150、红酒 170—180、白酒 220—230。可以看到随着酒精浓度的改变，酒精传感器的 ID 数值也会改变，浓度越高，数值越高，反之就越低。

18.2　酒驾检测器

接下来我们来尝试编写一个酒驾报警器的程序，当数值高于 130 的时候就亮灯示警。同学们自己动手操作一下吧。

是不是很快都完成了呢？那接下来我们再来改进一下这个程序，让 LED 灯根据检测到的数值不同而做出不同的反应。只有一个 LED 灯怎么做出不同的反应呢？虽然灯的状态只有熄灭和亮起两种，但是如果可以改变两种状态的持续时间和次数，就可以传达多种信息哦。这里就可以利用我们之前用过的延时模块了，你知道怎么做了吗？

我们将酒精浓度分为三个范围，ID 值低于 130 的时候认为此时没有检测到酒精，当 ID 值在 130—180 的时候认为轻度饮酒，高于 180 即为酗酒。对应的，没有检测到酒精时 LED 灯熄灭，轻度饮酒的时候 LED 灯慢闪，酗酒的时候 LED 灯快速闪烁。打开教育版软件，新建文件"酒驾检测器"并开始编写吧。

如图 18.3 所示，在这个程序中我们使用了无限循环，一旦酒精浓度达到了所设置的范围，就会不停执行循环体中的指令。为什么要这么设计呢？同学们一定用过水银体温计吧，在水银体温计里就有一个小机关，可以让温度计离开人体后还能保留在人体中记录下的温度，不受外界环境影响。同样的，在检测酒驾的时候，司机对着酒精检测仪呼气后，从口腔中带出来的酒精会随之消散，这样酒精检测器的数值就会降低，可能就会漏掉了酒驾的司机。所以我们要用一个无限循环，一旦酒精浓度达到了要求，就保持警示状态。

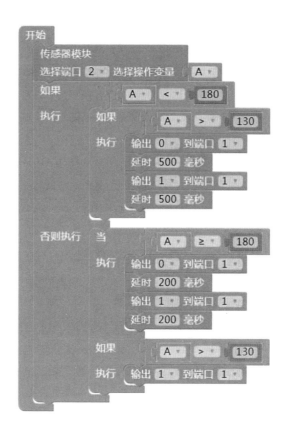

图 18.3 酒精检测程度示意图

学习小结

我会做		
1	使用酒精传感器	已完成 / 未完成
2	调用 LED 灯和电机	已完成 / 未完成
3	编写温度传感器程序	已完成 / 未完成
4	探索并完成湿度传感器程序	已完成 / 未完成
我知道		
酒精传感器的原理		
延时模块的应用		
本节课整体评价		☆ ☆ ☆ ☆ ☆

小艾说

分子扩散现象

　　当我们利用酒精传感器监测酒精浓度的时候发现只要把盛满酒的杯子靠近传感器就可以检测到数据了。这和酒精传感器的灵敏度有关，还有一个原因就是分子的扩散运动。当我们端起酒杯的时候是不是已经闻到了浓浓的酒精味道，走在公园里是不是就能闻到空气中的花香，放学回家是不是就能闻到厨房里传来了阵阵饭菜香呢？这些都是因为分子的扩散现象。扩散现象（dIffusion phenomena）是指由于气体中某种分子的数密度的空间分布不均匀，使该种气体分子从数密度较大区域自发地迁移到数密度较小的区域的现象。正是因为分子的扩散运动，使得酒精传感器可以快速检测到酒精的浓度。

第 19 章　灭火先锋

同学们你们知道消防报警热线吗？当发生火灾的时候我们要第一时间拨打 119，这样才能及时通知消防员们来扑灭大火。我们的消防员叔叔们，可都是非常勇敢的人，他们常常不顾个人安危冲进火场去灭火，去救人，我们都要为他们点赞！

19.1　火焰传感器

火灾是十分无情的，一旦发生就会以非常快的速度蔓延开来，大火所到之处都会被烧得干干净净，对人和物品都造成不可挽回的损失。所以火灾发生后的每一分钟时间都是非常宝贵的救援时间，如果能尽量早地发现火情就可以在最快的时间里最有效地消灭火灾。那就让我们先来做一个火灾报警器吧。

首先来介绍下我们今天要用到的"火焰传感器"，如图 19.1 所示。火焰传感器由各种燃烧生成物、中间物、高温气体、碳氢物质以及无机物质为主体的高温固体微粒构成的。火焰的热辐射具有离散光谱的气体辐射和连续光谱的固体辐射。不同燃烧物的火焰辐射强度、波长分布有所差异，但总体来说，其对应火焰温度的近红外波长域及紫外光域具有很大的辐射强度，火焰传感器就是根据这种特性制成的．现在比较常见的有远红外火焰传感器和紫外火焰传感器。

图 19.1   火焰传感器

火焰传感器是机器人专门用来搜寻火源的传感器，当然火焰传感器也可以用来检测光线的亮度，只是本传感器对火焰特别灵敏。火焰传感器利用红外线对对火焰非常敏感的特点，使用特制的红外线接收管来检测火焰，然后把火焰的亮度转化为高低变化的电平信号，输入到中央处理器中，中央处理器根据信号的变化做出相应的程序处理。

火焰传感器的检测角度为 60 度左右，对一般的火焰检测距离为 80cm 左右，火焰越大，可检测的距离越大，反之，火焰越小，可检测的距离就越小。当在检测范围内检测到火光时，输出低电平——0，没有火光的时候则输出高电平——1。根据这个我们可以这样来设计火灾报器：用火焰传感器监测火灾，如果发生火灾，即传感器变量值为 0 的时候，就要 Aelos 做出报警动作。

首先让我们来检测下我们的火焰传感器是否灵敏，用一根点燃的蜡烛作为实验火源，将火焰传感器放置在①—③号端口上。将蜡烛缓慢靠近 Aelos，观察 LED 屏上数值的变化，当检测到火光的时候记录下此时火源和 Aelos 的距离。接着保持火源和 Aelos 的距离不变，变化蜡烛和 Aelos 的角度，直到检测不到火光，记录下此时的角度，得出 Aelos 的检测角度范围。

19.2   火灾报警器

在教育版软件中新建一个"火灾报警器"的文件，并编写如图 19.2 所示程序。

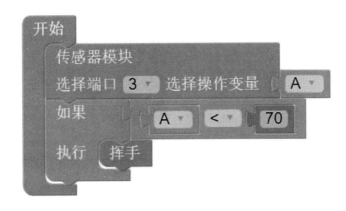

图 19.2　火灾报警程序示意图

在这个程序中，我们设计的是让 Aelos 通过"挥手"的动作进行报警，如果想要让更多的人知道发生火灾了，我们还是要借助声音。所以我们需要给这个动作添加上音乐。找一找音乐库中或者网上有没有合适的音乐文件，如果有就把它添加到"挥手"动作上吧。

如果没有找到合适的音乐怎么办呢？不要着急，这可难不倒我们。我们已经学习了怎么制作专属音乐了，不是吗？用录音机和格式转换工具做一个呼救的声音文件吧。经过修改后，Aelos 就可以在检测到火情的时候一边挥手一边大声喊"着火啦，快救火啊！"，呼唤人们参与救火哦。

火灾是非常无情的，在救火的过程中经常会有人受伤，甚至付出生命的代价。当看到鲜活的生命被大火侵蚀，人们都非常心痛。于是，我们机器人就可以发挥作用了，许多研究者都开始设计灭火机器人。当发生火灾的时候用灭火机器人到最危险的火灾深处完成灭火任务，这样在完成灭火任务的同时也可以降低和减少人员的伤亡。

我们乐聚机器人作为机器人中的一员，非常为这些冲入火海的灭火机器人们骄傲，也希望自己也可以成长为那么厉害的机器人呢。在我们的行李箱中不是有一个小风扇吗？我们可以用它来完成灭火的任务。

我们先来思考下整个程序的实现过程，首先我们要用火焰传感器来感知火情是否存在。在这个监测过程中如果机器人是保持在某个位置不动，那监测的范围也是固定的，所以我们可以让机器人进行巡逻，如果没有火情就保持前行，一旦监测到火情就开始灭火。接下来在发现火情的时候，火焰传感器会输出变量值为 0，这时让电机带动风扇进行灭火，同时也别忘了要呼救，通知更多的人。在这里的判断条件我们可以用 If 条件也可以用 While 结构，考虑到机器人的安全，在灭火后我们不想让机器人再往前踏入火灾现场，所以我们用 While 结构来实现。一旦发现火情后就开始进入灭火程序，而不再进入巡逻程序。

在教育版软件中新建一个"灭火机器人"的文件，编写程序如图 19.3 所示。

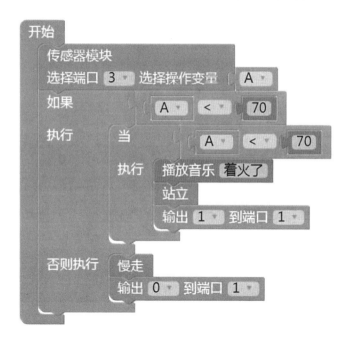

图 19.3   灭火机器人程序示意图

学习小结

我会做		
1	调用火焰传感器	已完成 / 未完成
2	录制声音文件	已完成 / 未完成
3	编写灭火机器人程序	已完成 / 未完成
我知道		
火焰传感器原理		
灭火机器人的应用		
本节课整体评价	☆ ☆ ☆ ☆ ☆	

小艾说

发生火灾怎么办?

发生火灾后不要惊慌失措。如果火势不大,迅速用家中备有的灭火器材,采取有效措施控制和扑灭火灾;如果火势较大,要迅速拨打火警电话 119,报警时要讲清详细地址、起火部位、着火物质、火势大小、报警人姓名及电话号码,并派人到路口迎接消防车。

室外着火,感觉门已经发烫时,不要开门,以防火势蹿入屋内,要用浸湿的被褥、衣物等堵塞门窗缝,并泼水降温。楼内起火不可乘坐电梯,从安全出口方向逃生。穿越浓烟逃生时,要尽量使身体贴近地面,并用湿毛巾捂住口鼻。如果所有逃生路线都被大火封锁,要立即退回室内。并用打手电筒、挥衣物、呼叫等方式向窗外发送求救信号,等待救援。

切忌盲目跳楼,可利用疏散楼梯、阳台、下水管道等逃生自救。也可以用绳子,或把床单、被套撕成条状连成绳索,紧拴在窗框、暖气管、铁栏杆等固定物上,用湿毛巾、布条等保护手心,顺绳滑下,到未着火的楼层脱离危险。

第 20 章 更好的机器人

机器人的出现，为人类生活提供了另一种可能。尤其是近几年机器人行业的快速发展，使得我们在生活中常能见到各种机器人的身影。我们可以看到工业机器人工作在流水线上，以更快速、更精准的工作效能替代了人工；我们也可以看到服务机器人工作在餐厅，迎宾、点餐和端菜；我们还能看到扫地机器人、机器人厨师，甚至电子保姆照看孩子。

这些厉害的机器人是怎么工作的呢？多功能的机器人大多是多集成机器人，即搭载多种传感器的机器人。通过多种传感器的综合应用，使得这些机器人拥有了强大的数据处理功能。

例如流水线上的装配机器人之所以可以很好地完成装配工作，如图 20.1 所示。是因为在它身上装有视觉传感器、触觉传感器、接近觉传感器和力传感器等。视觉传感器主要用于对零件或工件的位置补偿，零件的判别、确认等。而触觉和接近觉传感器一般固定在指端，用来补偿零件或共建的位置误差，防止碰撞等。

图 20.1　流水线上的装配机器人

20.1　未来的机器人计划

　　未来的机器人会是怎样的呢？如果让同学们来做机器人设计师，你会设计一个怎样的机器人呢？让我们一起来畅想一下吧，或许在不久的将来，你们的想法就会通过你们的双手实现哦。

未来的机器人计划

机器人名称：_____

主要功能：_____

灵感来源

机器人的外形草图

搭载哪些传感器，分别实现什么功能？

小艾说

　　同学们，我们技术篇的内容到这里就已经结束了。在本书中你们和小艾一起走进了一个全新的机器人的世界。我们一起认识和了解了机器人，一起学习用遥控器和程序来控制机器人。在这个过程中，你们和小艾成为了学习的好伙伴，生活的好朋友。小艾非常高兴能够陪着你们完成这一个探索之旅，也十分不舍得就这样和大家说再见。所以我为大家准备了更多更有趣更深入的学习内容，就在我们的高级版教材中，你准备与我一起再次出发吗？